Uren Borduren

Erica Fortgens

Cantecleer

Inhoud

Voorwoord 3

Benodigdheden 4

Dankwoord 4

Algemene werkwijze 5

Zonnige bloemenkaarten 6

Symfonie in roze 10

Warm feestelijk 14

Fris groen 18

Sweet love 22

Hemelsblauw met goud 26

Kerst chique 30

Warme kerst 34

Kerst classic 38

Uitbundige kerst 42

Jubileumtoegift 47

Abonneer u nu op de nieuwsbrief van
Tirion Uitgevers en ontvang informatie
over de nieuw te verschijnen boeken!
Ga naar www.tirion.nl en meld u aan!

ISBN 978 90 213 3874 3
NUR 475

Vormgeving omslag en binnenwerk:
Studio Marja van de Ven, Waalwijk
Fotografie: Hennie Raaijmakers, St. Michielsgestel
Patronen: Erica Fortgens
Digitalisering patronen: Ad van den Broek, Uden

Dit boek is gepubliceerd door Uitgeverij Cantecleer,
een imprint van De Fontein | Tirion bv
Postbus 1
3740 AA Baarn
www.tirion.nl

Voorwoord

Met dit nieuwe, sprankelende boek over Borduren op Papier is er een mijlpaal gehaald; het is het 35ste boek in twintig jaar!
Wat een ontwikkelingen zijn er geweest na het verschijnen van het eerste boek in de herfst van 1990. In die tijd waren er alleen borduurpatronen opgenomen in de boeken; men wilde borduren! Het borduren op kaarten was in die tijd toch al een heel vernieuwende bezigheid in hobbyland. De aarzelingen die ik hierover in eerste instantie had, verdwenen als sneeuw voor de zon toen tijdens de KreaDoe van die herfst bleek dat de eerste oplage van mijn boek al geheel uitverkocht was! Er volgden nog zeven herdrukken...

In de jaren die volgden heb ik steeds weer gezocht naar nieuwe toepassingen in combinatie met het borduren: met stofjes (patchworkkaarten), kraaltjes, embossing, snijden, zijdelint, bedrukt perkamentpapier (vellum), twee boeken samen met Tiny van der Plas met theezakjes, een compleet babyboek, een bloemenboek, twee kerstboeken... enzovoort.
Nooit had ik kunnen bedenken, dat deze hobby zo'n enorme vlucht zou nemen in de jaren daarna, en, op dit moment, twintig jaar later een niet meer weg te denken bezigheid is voor zo veel mensen die met creativiteit bezig zijn.

Met dit boek heeft u weer een troef in handen. De kaarten in dit boek zijn mooi versierd met lint, kralen, allerlei soorten plakparels, papieren bloemen, brads, ornamentjes en veel prachtig gedecoreerd papier.
Vier hoofdstukken van dit boek zijn voor de kerst. De oorspronkelijke patronen zijn eerder verschenen in het boek *Kerst in borduren op papier*, uit 1994. De patronen zijn hier en daar wat aangepast en op een geheel nieuwe manier uitgevoerd; zo krijgt u weer nieuwe ideeën! Met als bonus extra veel tips en een jubileumwedstrijd!
Elk hoofdstuk heeft zijn eigen kleurencombinatie; aan u de keus om ze zó na te maken of uw eigen ideeën erop los te laten. U heeft altijd meer creativiteit in huis dan u denkt!

Ik wens u heel veel plezier met dit 'versierboek'!

Erica Fortgens

PS
Het boek is in alle hobbywinkels en boekhandels te koop. U kunt het ook bestellen via mijn website: www.ericafortgens.nl.

Benodigdheden
- Prikmat
- Prikpennen in diverse maten: fijn en grof
- Kaartenpapier
- Scrapbookpapier
- Fotolijm
- Papieren bloemen
- Lint
- Plakstenen en -parels
- Brads
- Fibers
- Kralen, groot en klein
- Ornamenten (A-Parts Beads en Sun Enterprises)
- Garen
- Organza stofjes

Dankwoord
Met dank aan de volgende firma's voor de geleverde materialen:

Firma Kars (kaartenpapier)
Postbus 97
4050 EB Ochten
Tel.: 0344-642864

Papicolor (kaartenpapier)
Postbus 8010
3503 RA Utrecht
Tel.: 030-2433204

Firma Coats (garens)
Burg. De Cocklaan 4
B-9330 Erembodegem
België

Sun Enterprises (ornamenten)
E. du Perronstraat 24
1321 BC Almere
E-mail: info@sunenterprises.eu
Website: www.sunenterprises.eu

A-parts Beads (ornamenten)
Nijverheidsweg 3
4854 MT Bavel
E-mail: info@a-parts.nl

Hobby Fun (organza)
Röntgenstrasse 10
D-96247 Michelau
Duitsland
E-mail: mail@hobbyfun.de
Website: www.hobbyfun.de

De Scrapbookwinkel
Beellandstraat 10
5384 NH Heesch
Tel.: 0412-475880

Met veel dank aan:
Elly van der Lee en Riek Hommeles

Algemene werkwijze

Prikken
Kopieer het gewenste patroon. Leg het op de kaart, plak het vast met twee kleine stukjes (verwijderbaar) plakband en leg het geheel op de prikmat. Prik het patroon door de kaart. Gebruik hierbij de prikpen zeer fijn; voor gaatjes waar meerdere draden doorheen lopen, zijn de prikpennen fijn en grof aan te bevelen. Zorg er in ieder geval voor dat het gat groot genoeg is. Houd de kaart tegen het licht om te kijken of alle gaatjes goed doorgeprikt zijn. Het patroon staat nu in de kaart. Verwijder voorzichtig het prikpatroon.

TIP
Houd de prikpen bij het prikken altijd verticaal.

Borduren
Werk stap voor stap volgens de aangegeven werkwijze. Steek bijvoorbeeld achter in bij A, laat de draad achter ongeveer 3 cm hangen en plak de draad achter op de kaart vast met een klein stukje plakband buiten het prikpatroon.

De naald
De naald moet altijd dunner zijn dan de prikpen. Gebruik de borduurnaald uit de verpakking van de prikpen. Als u er moeite mee heeft om de draad door de naald te halen, gebruik dan een draaddoorsteker ('Juliaantje').

De steelsteek
De toegepaste steelsteek voert u als volgt uit:

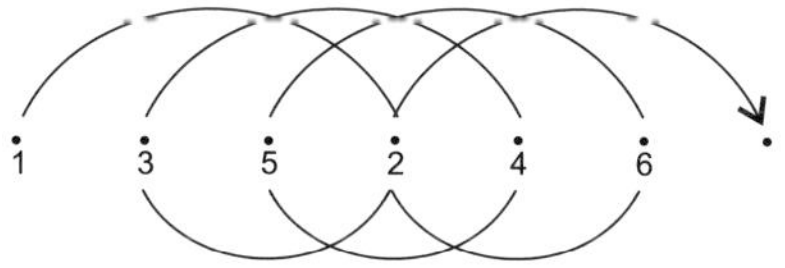

1-2 (2-3), 3-4 (4-5), 5-6, enz.

U slaat bovenlangs altijd twee gaatjes over, onderlangs slaat u één gaatje over. Om een mooie ronding te krijgen, borduurt u langs de binnenkant van de ronding, de binnenbocht.

Afwerking
Plak de geborduurde kaart met fotolijm op een kaart in de door u gewenste tint. In dit boek wordt veelal geborduurd op scrapbookpapier. Meestal is dit papier sterk genoeg om op te borduren, maar soms is het papier te dun. In dat geval plakt u het met kaartenlijm op gewoon neutraal kaartenpapier; goed uitstrijken zodat er geen bobbels onder komen!

Zonnige bloemenkaarten

Benodigdheden
- Kaartenpapier in oranje en diverse geeltinten
- Garen: roze, diverse geeltinten
- Lint, papieren bloemen, grote kralen, brads, plakbloemetjes (glitter), kleine gouden parelkraaltjes, fiber, scrapbookpapier

A1

Snijd een vierkante oranje kaart van 9 x 9 cm. Prik en borduur zoals aangegeven: steek achter in bij 1 en trek de draad naar 2, ga achterlangs naar 3 en trek de draad naar 4, enz. Gebruik een enkele draad. Trek een draad langs alle gaatjesrijen. Plak de plakbloemetjes in de vier open gedeeltes. Kies een mooi stukje scrapbookpapier uit en plak de kaart erop; het is leuk om een mooie afbeelding op de rechterkant van het scrapbookpapier uit te kiezen. Versier met een lintje, papieren bloemen en een brad. Plak het geheel op een mooie tint geel kaartenpapier.

Tip

Deze kaart kunt u telkens weer anders maken door voor het onderliggende scrapbookpapier een andere tint, onderwerp of bijvoorbeeld tekst te kiezen!

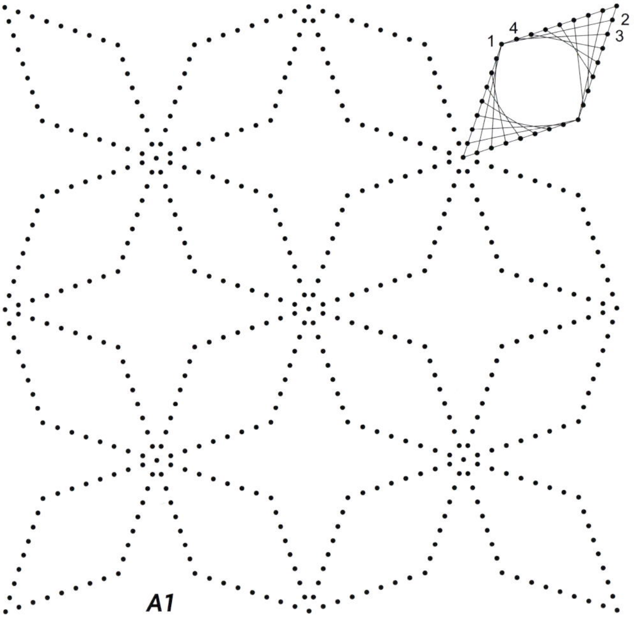

A2

Snijd scrapbookpapier van 5 x 15 cm. Prik en borduur zoals aangegeven met roze en geel garen. Steek achter in bij 1 en trek de draad naar 2. Ga achterlangs naar 3 en trek de draad naar 4, enz. Plak het geheel op een grote oranje kaart en deze weer op een iets grotere gele kaart. Werk af met twee smalle lintjes. Plak de papieren bloemen op de kaart en naai een paar grote parelkralen in het hart.

Tip

Borduren op scrapbookpapier met een handgeschreven tekst maakt het geheel chique! En kijk eens naar de tinten die in elkaar overlopen, heel mooi in combinatie met het roze garen!

Tip

Haal een enkele krul uit patroon A3 (blz. 9). Versier met een papieren bloem en wat kraaltjes, maak er een gat in met de ponstang, lintje erdoor en klaar is uw label!

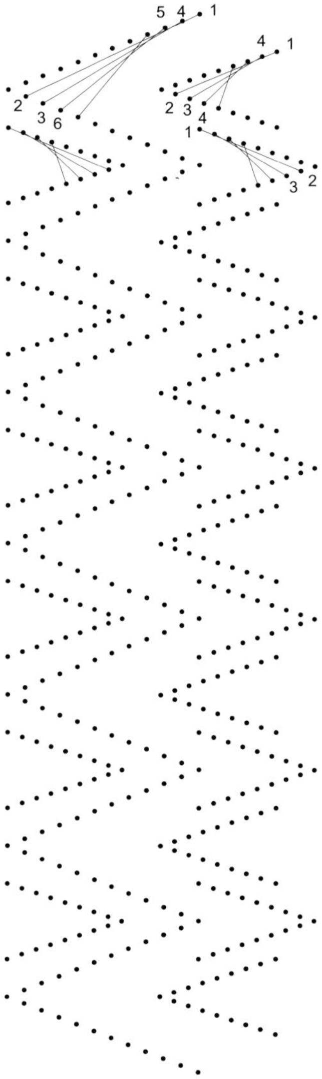

A2

A3

Snijd een gele kaart van 5 x 13 cm. Prik en borduur zoals aangegeven met donkergeel en lichtgeel garen. Steek achter in bij 1 en trek de draad naar 2. Ga achterlangs naar 3 en trek de draad naar 4, enz.
Blaadjes: steek achter in het grote gat en trek draden naar de punten zoals aangegeven.
Naai hier en daar een gouden parelkraaltje.
Plak de kaart op een iets grotere oranje kaart en deze weer op een vierkant stuk scrapbookpapier. Laat er een lintje onderdoor lopen.
Werk af met een gele onderkaart en versier met een paar mooie papieren bloemen in de tinten van het scrapbookpapier en plak er een schitterende brad in. Vergeet de kleine roze plakbloemetjes niet!

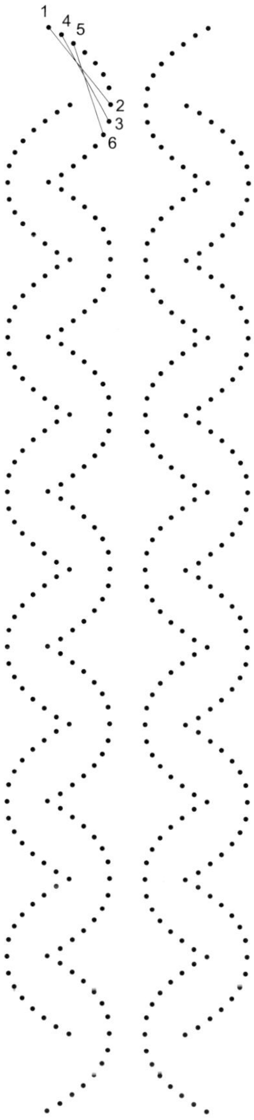

A4

A4

Snijd een donkergeel kaartje van 4 x 15 cm. Prik en borduur de kaart zoals aangegeven met geel en oranje garen. Plak de plakbloemetjes in de open ruimtes tussen de geborduurde randen. Plak het kaartje op een iets grotere oranje kaart en plak dit op het scrapbookpapier. Plak dit weer op een iets grotere oranje kaart. Plak de papieren bloemen vast, plak er een brad op en laat er een paar fibers uit tevoorschijn komen.

A3

Tip

Een paar fibers, losjes hangend op een kaart, verzachten de uitstraling van het geheel. Combineer verschillende fibers met elkaar en samen met het scrapbookpapier zorgt u voor een 'aaibare' uitstraling!

Symfonie in roze

Benodigdheden

- Kaartenpapier roze
- Scrapbookpapier roze
- Papicolor Hobby papier hardroze: nr: 300730
- Ornamenten: Sun Enterprises
- Gouden parelkraaltjes
- Garen: goud, verschillende tinten roze
- Plakparel

B1

B1

Snijd een stuk scrapbookpapier van 7,5 x 15,5 cm. Prik en borduur volgens de aanwijzingen; steek achter in bij 1 en trek de draad naar 2. Ga achterlangs naar 3 en trek de draad naar 4. Begin bij de onderste druppel. Let goed op wanneer u de tweede, daaroverheen gelegen druppel borduurt: steek de naald verticaal door de kaart, zodat de draden van de eerste druppel mooi blijven liggen en niet gaan 'trekken'. Borduur de 'steeltjes' in goud in de steelsteek. Naai de parelkraaltjes op de kaart. Plak de kaart op een mooie, wat grotere ondergrond.

Tip

Ook leuk om de druppels afwisselend met twee verschillende tinten garen te borduren!

B2

Snijd een roze kaartje van 9,5 x 9,5 cm. Prik en borduur volgens de aanwijzingen: steek achter in bij 1 en trek de draad naar 2. Ga achterlangs naar 3 en trek de draad naar 4, enz. Borduur met twee verschillende tinten roze en goud. Plak een plakparel in het centrum. Snijd een stuk donkerroze gedecoreerd papier van 10 x 10 cm. Plak de geborduurde kaart hier diagonaal op en plak deze kaart wer op een stuk scrapbookpapier van ongeveer 14 x 14 cm.

B3

Snijd een stuk roze scrapbookpapier van 4,5 x 15 cm. Prik en borduur volgens de aanwijzingen; de hartjes met donkerroze garen en de druppels met goud. Steek achter in bij 1 en trek de draad naar 2, ga achterlangs naar 3 en trek de draad naar 4, enz. Plak dit op een iets groter lichter roze kaartje en plak dit op een veel groter stuk gedecoreerd papier. Hang het hartje onderaan de kaart.

B2

Tip

Borduur alleen de buitenste vier druppels en maak de kaart af met papieren bloemen in het centrum!
Of maak een mooi label met slechts één druppel.

Tip

Een langwerpig patroon kunt u ook gebruiken voor een mooie boekenlegger; plak in dat geval de geborduurde kaart op een zeer stevige onderlaag.

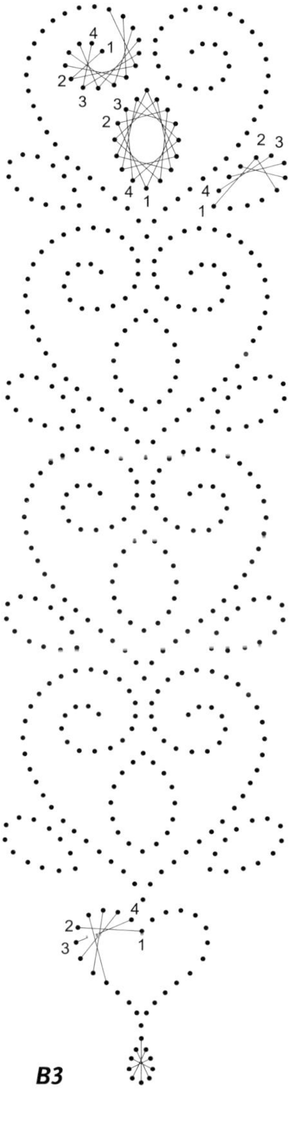

B3

B4

Snijd een stuk gedecoreerd papier van 12 x 13,5 cm. Borduur de 'driehoeken' helemaal rond; steek achter in bij 1 en trek de draad naar 2, ga achterlangs naar 3 en trek de draad naar 4, enz. U bent klaar wanneer er in elk gat twee draden uitkomen. Naai of plak een ornamentje in het centrum en plak er een plakparel in; uw kaart is af!

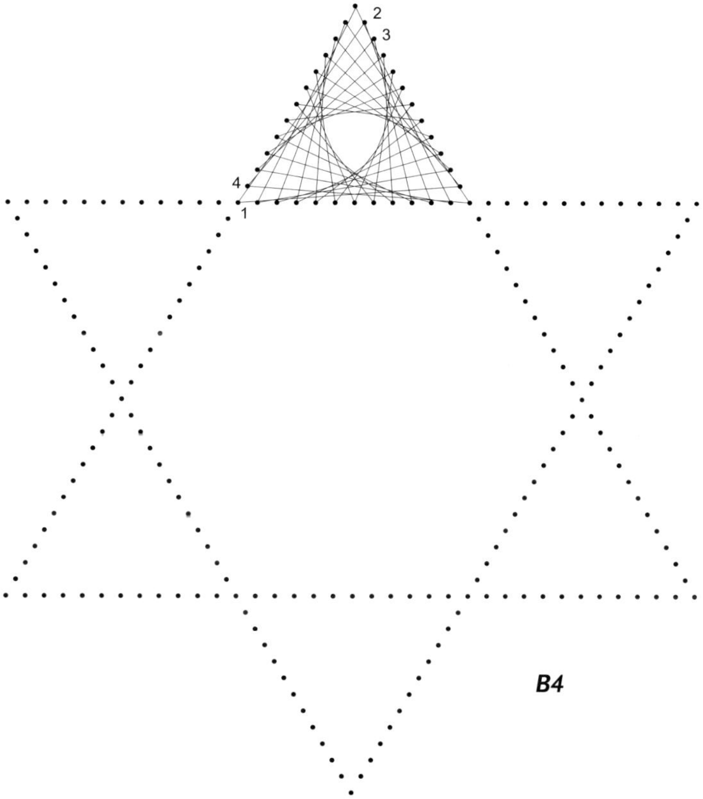

B4

Tip

U kunt de driehoekjes ook apart toepassen in de hoeken van de kaart, los van elkaar! In het centrum van de kaart plaatst u een mooie 3D-afbeelding.

Warm feestelijk

Benodigdheden

- Kaartenpapier rood
- Warm, glanzend scrapbookpapier
- Garen: goud, rood metallic
- Papieren bloemen, brads, plakparels
- Parelkraaltjes, lint (smal en breed)
- Gouden ornamenten: Sun Enterprises

C1

Snijd een stuk scrapbookpapier van 13 x 13 cm. Borduur de grote 'ster' en de druppels volgens de aanwijzingen; steek achter in bij 1 en trek de draad naar 2, ga achterlangs naar 3 en trek de draad naar 4, enz. Plak de plakparels in de hoeken van de ster en versier met een paar papieren bloemen met in het centrum een grote plakparel. Plak de kaart op een iets groter stuk scrapbookpapier in een bijpassende tint.

Tip

U kunt dit patroon 'uit elkaar halen'. Borduur bijvoorbeeld alleen de ster óf alleen de druppels en creëer uw eigen kaart.

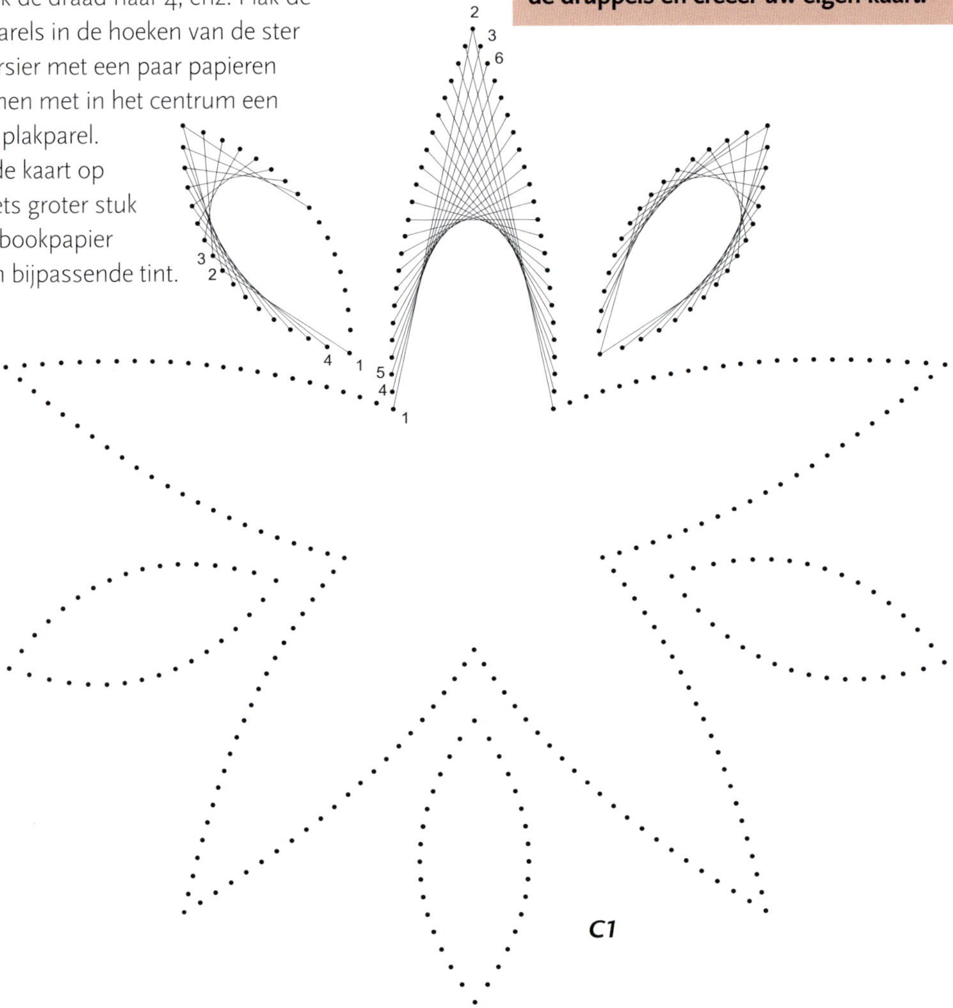

C1

C2

Snijd een stuk scrapbookpapier van 9 x 15 cm. Prik en borduur volgens de aanwijzingen: steek achter in bij 1 en trek de draad naar 2, ga achterlangs naar 3 en trek de draad naar 4, enz. Plak de kaart op een grote kaart, met daarnaast nog een strook glanzend scrapbookpapier in bijpassende tinten. Werk de naad af met een smal gouden lintje; plak dit achter op de kaart vast met plakband. Om het 'vissengevoel' te versterken: plak hier en daar een paar doorzichtige brads op de kaart.

Tip

Neem voor een echte 'vissenkaart' materiaal in blauwe en zandkleurige tinten. Geef de vissen oogjes van plakparels en maak 'bubbels' met zachtblauwe parelkraaltjes.

Tip

Door de parelkraaltjes weg te laten en hier en daar een plakparel te plaatsen in de geborduurde cirkeltjes creëert u een rustiger effect.

C3

Snijd een stuk glanzend scrapbookpapier van 12 x 15 cm. Prik en borduur volgens de aanwijzingen: steek achter in bij 1 en trek de draad naar 2, ga achterlangs naar 3 en trek de draad naar 4, enz. In de cirkeltjes moeten er in elk gat twee draden uitkomen. Wissel de tinten goud en metallic rood met elkaar af. Borduur de takjes in goud in de steelsteek. Naai de parelkraaltjes op de kaart, kijk zelf waar u die wilt hebben. Plak het cirkelvormige ornament met 3D-foam op de kaart. Vouw een transparant lint om de kaart en plak dit aan de achterkant vast met plakband. Plak een grote schitterende brad half over het lint heen. Plak de kaart op een iets grotere donkerrode kaart.

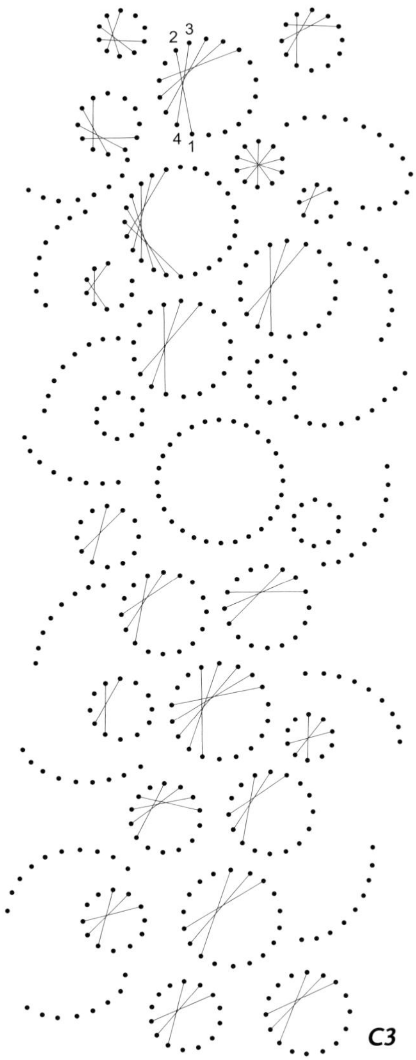

C3

C4

Snijd een rode kaart van 13,5 x 13,5 cm en plak hier aan de rechterkant een stuk mooi glanzend scrapbookpapier op van 5,5 x 13,5 cm. Prik twee hoeken van het patroon door het gedeelte met het scrapbookpapier en drie hoeken door de rode kaart; let hierbij goed op dat de naad precies uitkomt bij het laatste gaatje van de hoek. Borduur met goud en rood metallic garen volgens de aanwijzingen: steek achter in bij 1 en trek de draad naar 2, ga achterlangs naar 3 en trek de draad naar 4, enz. Camoufleer de naad met een smal groen lintje, vouw dit om de kaart en plak het achter vast met plakband. Plak een mooie roos in het centrum, met wat bladeren. Plak er een paar gouden parelkralen in. Hang het hartje op met een fiber (maak hiervoor een groot gat in de kaart) en plak die achter vast met plakband. Plak links nog een strook mooi scrapbookpapier om het geheel af te maken.

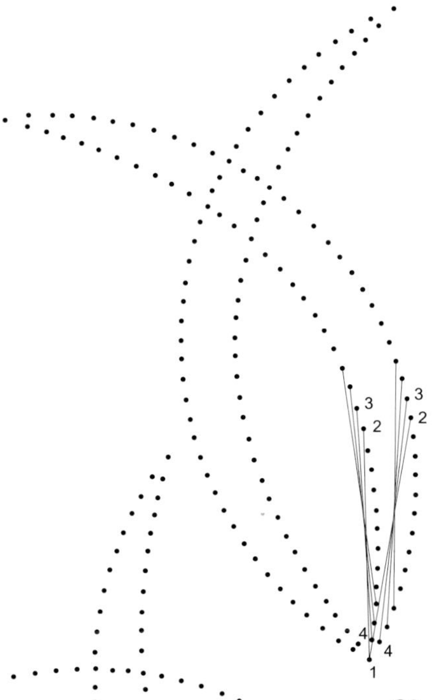

C2

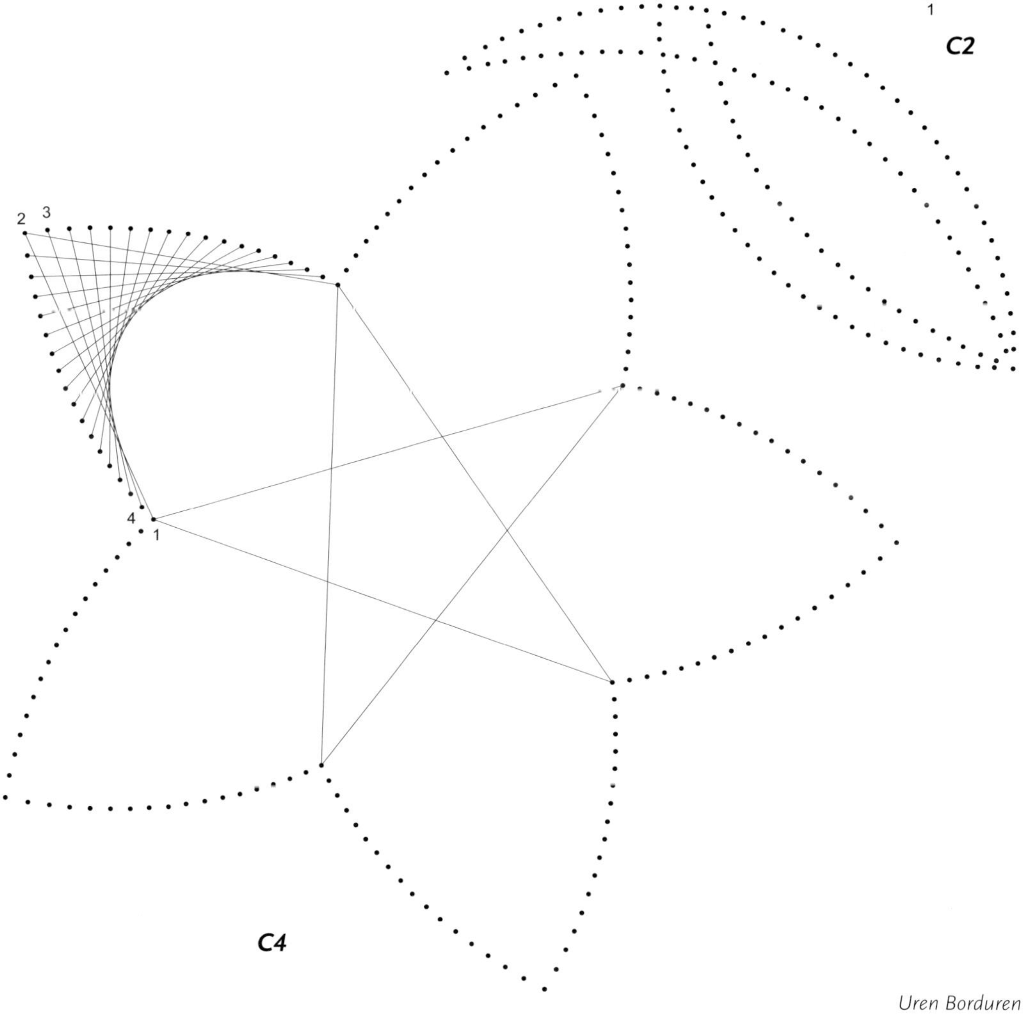

C4

Fris groen

Benodigdheden

- Kaartenpapier geel en lichtgroen
- Scrapbookpapier in frisse geelgroene tinten
- Garen: groen metallic, frisgroen, goud
- Plakstenen
- Brads
- Papieren bloemen
- Lint
- Vlinders

D1

Snijd een stuk geel kaartenpapier van 7 x 17 cm. Prik en borduur zoals aangegeven. Boogjes: steek achter in bij 1 en trek de draad naar 2, ga achterlangs naar 3 en trek de draad naar 4, enz. Waaiertjes: prik het centrale gat groot, zodat alle draden er mooi doorheen kunnen. Steek achter in het grote gat en trek draden naar de punten zoals aangegeven. Plak de plakstenen in de hoeken van de ovaaltjes. Plak de kaart op een mooi stuk scrapbookpapier, werk de naad links af met een smal lint en versier met papieren bloemen met in het centrum een brad en een paar vlindertjes (bevestig met 3D-foam). Plak het geheel op een stuk frisgroen kaartenpapier

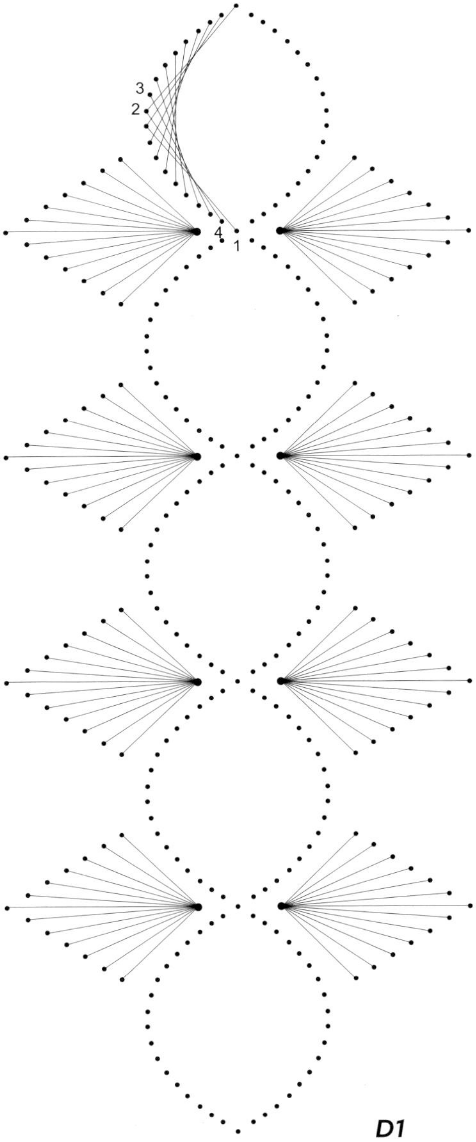

D1

> **Tip**
> **Dit patroon leent zich ook voor het maken van een mooie boekenlegger; borduur in dat geval alleen de ovaaltjes. Gebruik voor de boekenlegger wel stevig kaartenpapier.**

OOH LA LA

D2

Snijd een stuk scrapbookpapier van 11,5 x 11,5 cm. Prik en borduur zoals aangegeven: steek achter in bij 1 en trek de draad naar 2, ga achterlangs naar 3 en trek de draad naar 4, enz. Bij de hoeken: trek hier een laatste draad langs de gaatjesrijen. Trek de rechte draden in het centrum van de kaart. Plaats hier een mooie, grote paksteencombinatie. Plak de kaart op een iets groter stuk groen kaartenpapier en dit weer op een ruim stuk scrapbookpapier. Werk af met papieren bloemen en plaats een brad.

Tip

Dit patroon kunt u 'uit elkaar halen'. Borduur alleen de buitenste rand met de hoeken en de boogjes. Plaats dan een 3D-afbeelding in het centrum. Of: borduur alleen de hartjes in het centrum van de kaart; in een roze of rode kleurstelling met wat papieren bloemen maakt u dan een prachtige Valentijnskaart!

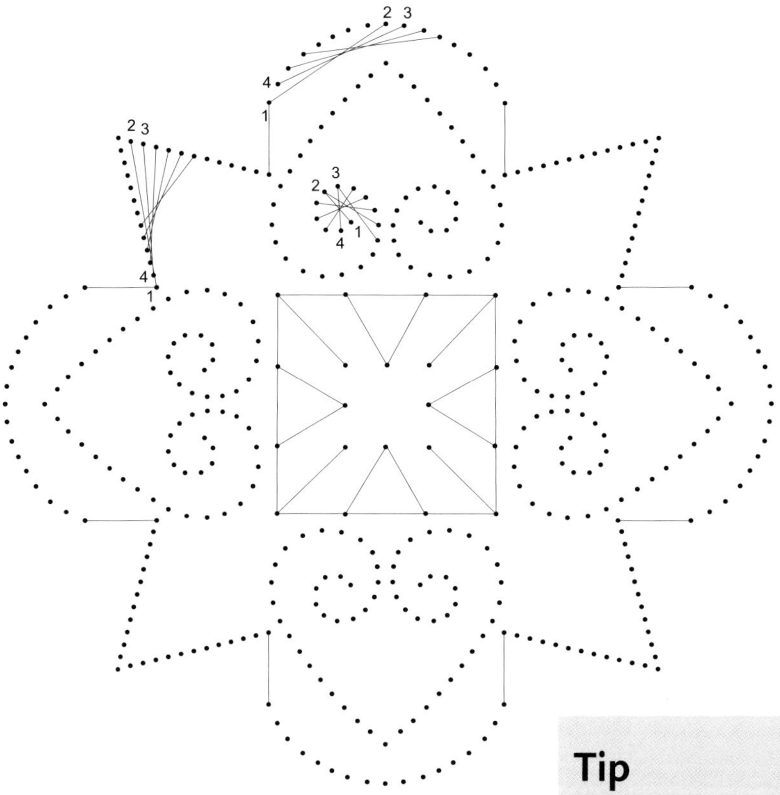

D2

Tip

Maak van het hartje in patroon D4 een leuk label; met een paar plakstenen, een gaatje erin en een lintje of fiber erdoorheen, bent u zo klaar!

D3

Snijd een stuk scrapbookpapier van 12 x 12 cm. Prik en borduur zoals aangegeven: steek achter in bij 1 en trek de draad naar 2, ga achterlangs naar 3 en trek de draad naar 4, enz. Borduur de cirkel in het centrum goud; er moeten door elk gat twee draden lopen. Versier de kaart met een brad in het centrum en met wat plakstenen. Plak de kaart eerst op een iets grotere lichtgele, daarna op een frisgroene onderkaart; werk af met een lintje schuin over de kaart.

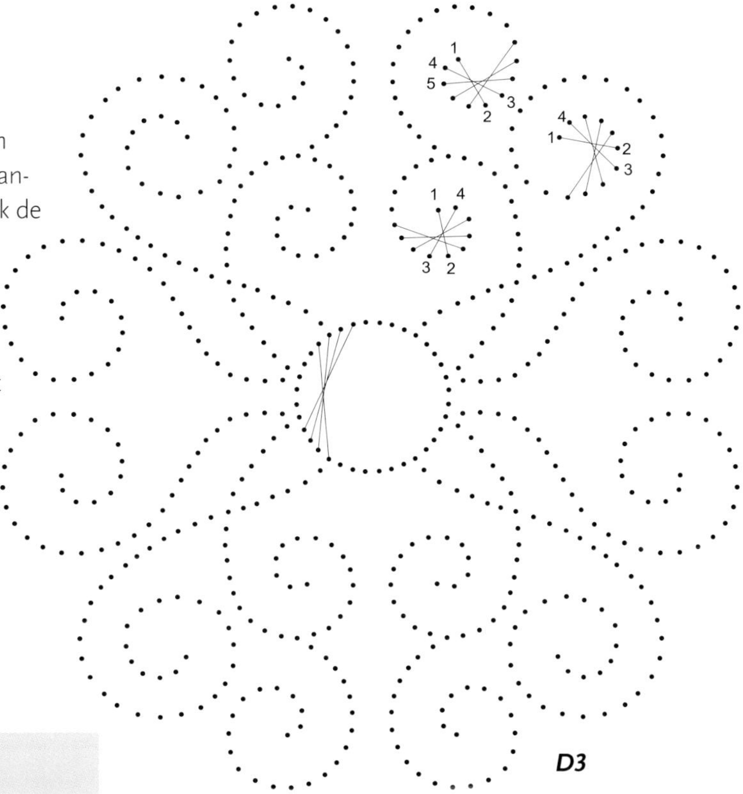

D3

> ### Tip
> **Deze kaart is wel een heel project! Wat minder werk is, en ook een bijzonder mooi effect geeft: borduur slechts de helft van het patroon (linker- of rechterhelft, of bovenste of onderste helft). Werk de rest van de kaart af met bijvoorbeeld een breed lint met daaromheen plakstenen of een mooie brad of een papieren bloem.**

D4

Snijd een stuk scrapbookpapier van 11 x 15,5 cm (met bijvoorbeeld, zoals op de foto, een grappige tekst erop). Prik en borduur zoals aangegeven: steek achter in bij 1 en trek de draad naar 2, ga achterlangs naar 3 en trek de draad naar 4, enz. Versier de kaart met een paar mooie papieren bloemen met een kleurige brad. Plak de kaart op een bijpassende achtergrond.

D4

Sweet love

Benodigdheden

- Kaartenpapier licht- en donkerroze
- Scrapbookpapier in roze tinten
- Scrapbookpapier met teksten
- Papieren bloemen
- Garen: roze en Reflecta roze
- Grote kralen
- Brad
- Plakstenen
- Fibers
- Ornamenten hartjes en cirkelvormig: Sun Enterprises
- Bedeltje hartje bewerkt patroon E4: A-Parts Beads: 07/053 (My Treasure)
- Organza met hartjes: Hobby Fun
- Lint

E1

Snijd een stuk roze kaartenpapier van 5,5 x 15 cm. Prik (prik de centrale gaten goed groot) en borduur zoals aangegeven: steek achter in het grote gat en trek de draden naar alle punten rondom. Wissel de garens af (zie foto). Vouw een fiber centraal over de kaart, plak het vast aan de achterkant met een stuk plakband en plak de kaart op een stuk scrapbookpapier met ruimte om te 'versieren'. Trek er een fiber en een lint langs, plak een paar bloemen hier en daar en plak of naai de cirkelvormige ornamentjes vast. Plak de kaart op een wat groter stuk lichtroze kaartenpapier.

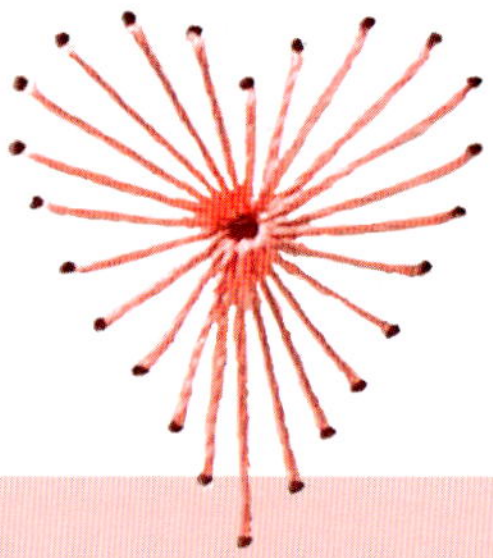

Tip

Met deze hartjes kunt u alle kanten op; zó gemaakt op een klein labeltje!

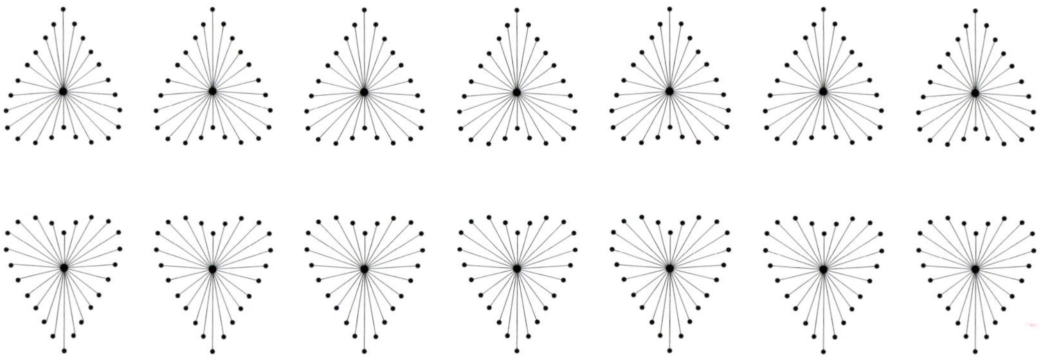

E1

FRIENDS
forever
LOVE
SWEETHEART

E2

Snijd een stuk scrapbookpapier van 14 x 14 cm. Prik en borduur zoals aangegeven: steek achter in bij 1 en trek de draad naar 2, ga achterlangs naar 3 en trek de draad naar 4, enz. Wissel het gewone garen af met het glinsterende garen. Plak de brad bovenaan de kaart, de plaksteentjes zoals op de foto, naai de hartjes op de kaart met een fiber en laat ze afhangen. Plak de tekst schuin onder op de kaart en laat er een fiber langs lopen; plak die achter vast met plakband. Plak de roos op met 3D-foam.

Tip

Wilt u nog veel meer borduren? Dat kan! Draai het prikpatroon om en leg het langs de middellijn; prik en borduur hier de boogjes tegenover het 'beginpatroon'. De kaart moet dan wel iets groter worden.

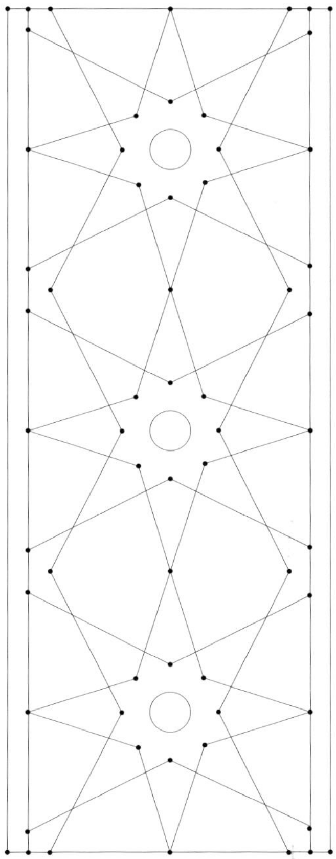

E3

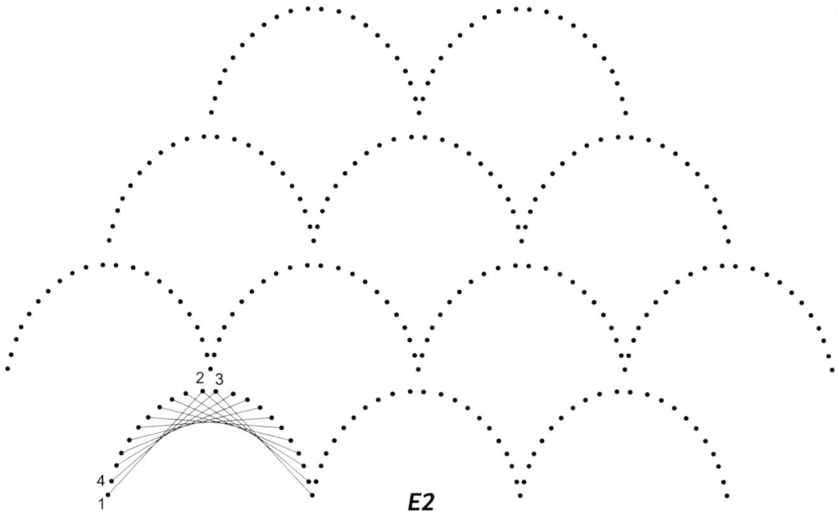

E2

E3

Snijd een stuk roze kaartenpapier van 12 x 12 cm. Prik en borduur zoals aangegeven; trek alle draden. Plak de plakstenen in het centrum van de sterren. Vouw een stuk organza van 5 cm breed over de kaart en plak het aan de achterkant vast met plakband; doe hetzelfde met de drie verschillende fibers. Naai een paar grote roze parelkralen op de organza en steek, als laatste, de tekst onder de fibers. Plak op een wat grotere roze kaart.

Tip

Ook patroon E3 (blz. 24) leent zich uitstekend voor een boekenlegger; zorg voor extra stevig kaartenpapier!

Tip

Deze kaart heeft als onderwerp de liefde. Met andere teksten en embellishments, ander scrapbookpapier en andere tinten kunt u hier allerlei verschillende kaarten van maken voor zeer veel verschillende gelegenheden. Zelfs een condoleancekaart, in bescheiden kleurstelling (en met een boogje minder), zou goed kunnen!

E4

Snijd een stuk scrapbookpapier van 11 x 13 cm. Leg het prikpatron zódanig op de kaart, dat het een symmetrisch geheel vormt met het patroon op het scrapbookpapier; dat geeft een leuk effect!

Prik en borduur zoals aangegeven: steek achter in bij 1 en trek de draad naar 2, ga achterlangs naar 3 en trek de draad naar 4, enz. Wissel Reflecta garen en het gewone garen met elkaar af. Plak de kaart op een stuk roze kaartenpapier van 13 x 13 cm en werk de naad af met een stukje fiber, dat u om de kaart heen vouwt en vastzet aan de achterkant met een stukje plakband. Naai het hartje onderaan de kaart, plak de papieren bloem, versier met een plaksteen. Knip een hartje uit de organza, naai het op de kaart met een parelkraaltje, plak de tekst schuin over de kaart en laat er een fibertje langs lopen.

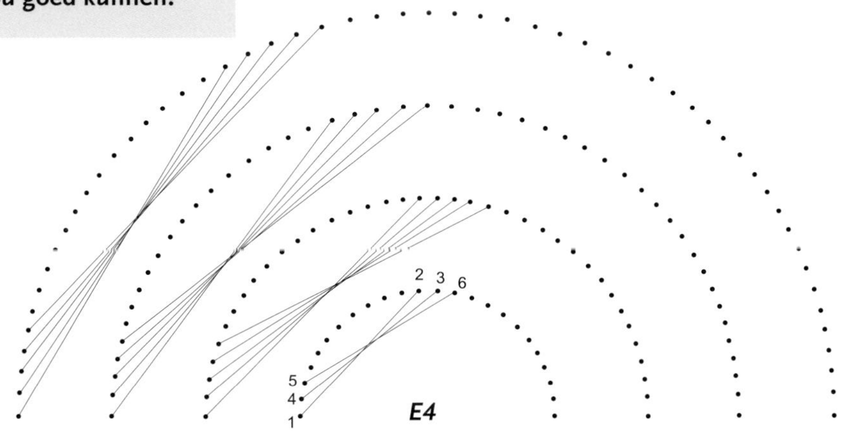

Hemelsblauw met goud

Benodigdheden

- Kaartenpapier lichtblauw en helderblauw
- Scrapbookpapier van Papicolor Hobby Fantasia: 771, 772 en 773
- Breed en smal lint
- Plakstenen en -parels
- Kralenbloem
- Garen: goud en helderblauw
- Grote gouden parelkraal
- Brads
- Gouden ornamenten: Sun Enterprises
- Parelkraaltjes licht- en helderblauw

F1

Snijd een stuk lichtblauw scrapbookpapier van 6 x 11,5 cm. Prik en borduur zoals aangegeven: steek achter in bij 1 en trek de draad naar 2, ga achterlangs naar 3 en trek de draad naar 4, enz. Plak drie plakparels in de hoeken van de boogjes. Plak het kaartje op lichtblauw papier van 9 x 13 cm en plak dit weer op het Hobbypapier (15 x 15 cm). Rijg een kralenkettinkje van lichtblauwe en helderblauwe parelkraaltjes en naai het vast. Vouw een breed lint om de kaart, plak het achter vast met plakband en naai er een aantal helderblauwe parelkraaltjes in. Zet de kralenbloem vast met 3D-foam. Plak het geheel op een iets grotere blauwe kaart.

Tip

Wilt u meer borduren? Dat kan! Draai het prikpatroon om en leg het met de boogjes tegen de al geborduurde boogjes aan; neem 1 cm tussenruimte.

F1

F2

Snijd een stuk Hobbypapier van 13,5 x 13,5 cm. Dit papier is te dun om op te borduren; plak het daarom eerst met kaartenlijm op een neutrale kaart. Prik en borduur zoals aangegeven: steek achter in bij 1 en trek de draad naar 2, ga achterlangs naar 3 en trek de draad naar 4, enz. Borduur alsmaar door, de ene lus gaat over in de volgende lus. Plak de vijf plakparels in de hoeken van de lussen en plaats het gouden ornament; naai het op de kaart met een grote gouden kraal. Niets meer aan doen; plak de kaart op een helderblauwe ondergrond.

Tip

Dit patroon is natuurlijk buitengewoon geschikt om te maken als kerstkaart; borduur met goud op zwart, donkerrood of donkerblauw. Altijd prachtig!

F3

Snijd een stuk lichtblauw kaartenpapier van 5,5 x 15 cm. Prik en borduur zoals aangegeven: steek achter in bij 1 en trek de draad naar 2, ga achterlangs naar 3 en trek de draad naar 4, enz. Borduur de boogjes en de druppels in goud en de krullen in helderblauw. Plak vijf lichtblauwe plakstenen langs de rand van het borduurwerk. Plak de strook op een ondergrond van lichtblauw Hobbypapier; werk de naad aan de ene kant af met een smal goud lint en aan de andere kant met een strook scrapbookpapier van 2,5 cm breed. Plak hierop hier en daar een gouden plakparel. Plak het geheel op een helderblauwe kaart.

Tip

Patroon F3 (blz. 29) kunt u 'uit elkaar halen'. Borduur bijvoorbeeld alleen de krullen met de druppels; zo krijgt u een mooie rand, die gecombineerd kan worden met scrapbookpapier en bijvoorbeeld papieren bloemen of een 3D-afbeelding.

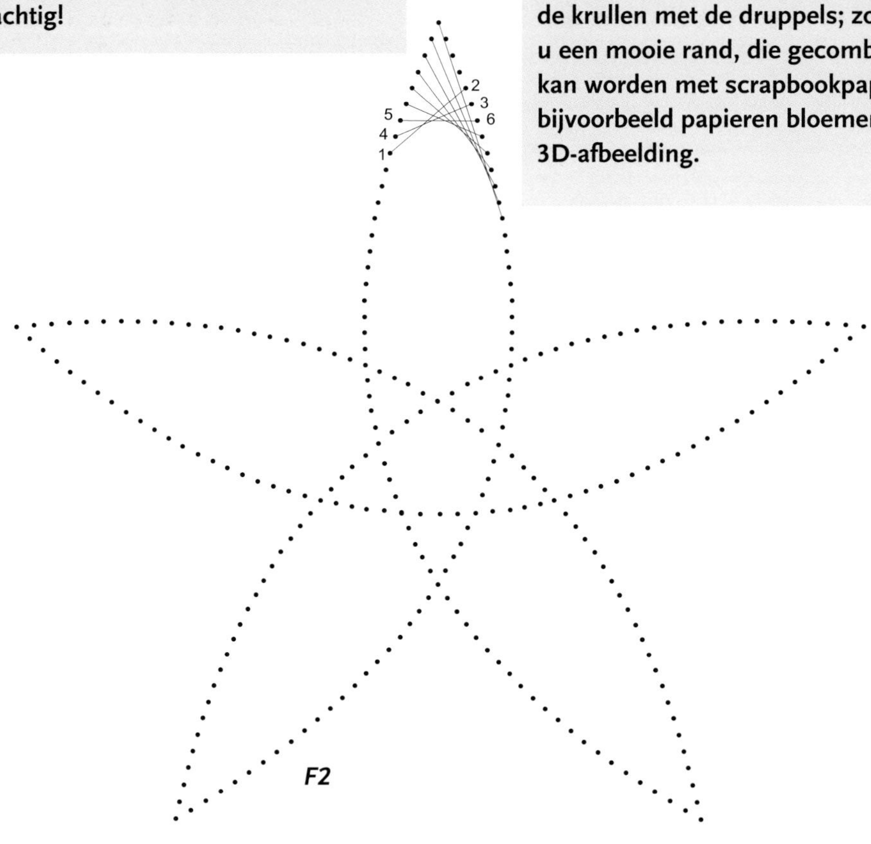

F2

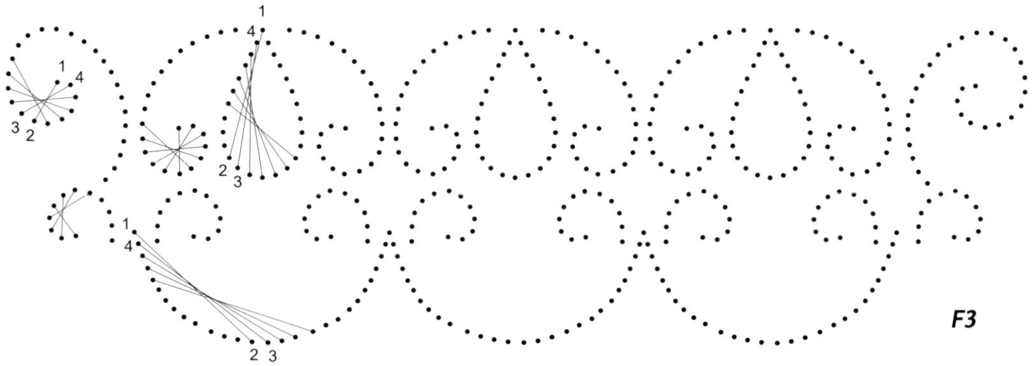

F3

F4

Snijd een stuk blauw kaartenpapier van 11 x 11 cm. Prik en borduur zoals aangegeven: steek achter in het eerste gat en trek de draad naar 2, ga achterlangs naar 3 en trek de draad naar 4, enz. Borduur zo alle boogjes (neem een enkele draad) en de langwerpige druppels in de boogjes. Borduur de cirkels in goud; er moeten telkens twee draden door elk gat lopen. Plak een brad in het centrum en plak de kaart op een groter stuk scrapbookpapier. Laat er een smal lintje langs lopen, dat u met een stukje plakband achter vastzet. Vouw hiernaast een breed transparant lint om het papier. Naai de gouden ornamenten vast met een gouden parelkraaltje. Plak het geheel op een helderblauwe kaart.

Tip
Ook dit patroon kunt u 'uit elkaar halen'.

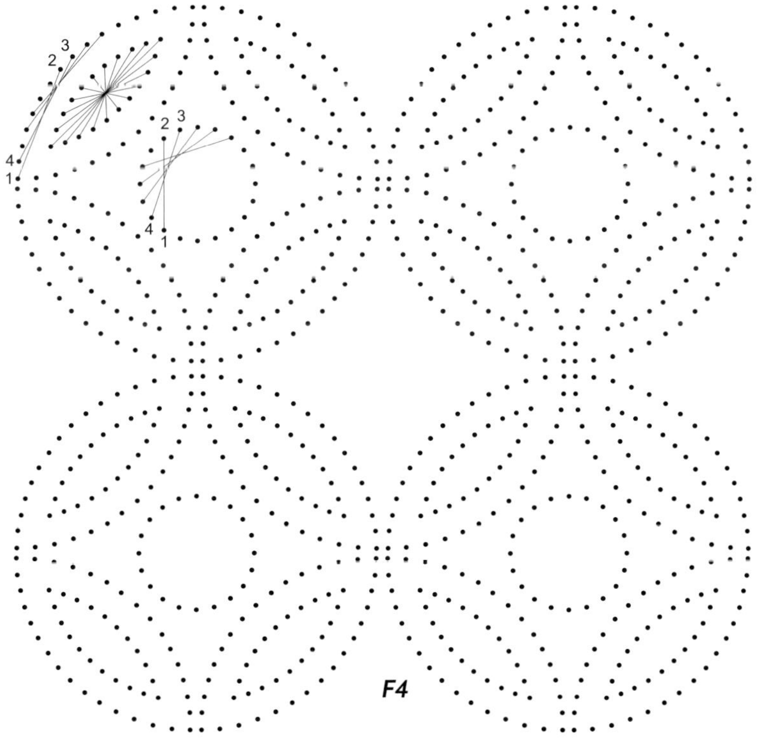

F4

Kerst chique

Benodigdheden

- Kaartenpapier zwart, wit en grijs
- Gedecoreerd Hobbypapier Papicolor: nr 725 en 739, 735
- Garen: zilver, zwart
- Ornamenten zilver: Sun Enterprises
- Organza 'duiven': Hobby Fun
- Scrapbookpapier
- Plakstenen groot en klein
- Grote plakparel
- Diverse soorten lint

G1

Snijd een stuk zwart kaartenpapier van 10 x 10 cm. Prik en borduur volgens de aanwijzingen: steek achter in bij 1 en trek de draad naar 2, ga achterlangs naar 3 en trek de draad naar 4, enz. Hartjes en blaadjes: steek achter in het grote gat en trek draden naar de omliggende punten. Trek de draden van de 'bloempot'. Plak een paar plaksteentjes in de top en in de bloempot. Naai de vier zilveren ornamenten met een paar steekjes in de kerstboom. Plak het kaartje op een ondergrond van Hobbypapier (13,5 x 13,5 cm) en dit weer op een iets grotere lichtgrijze ondergrond. Knip een duifje uit de organza en naai deze op de kaart met een parelkraaltje als oog.

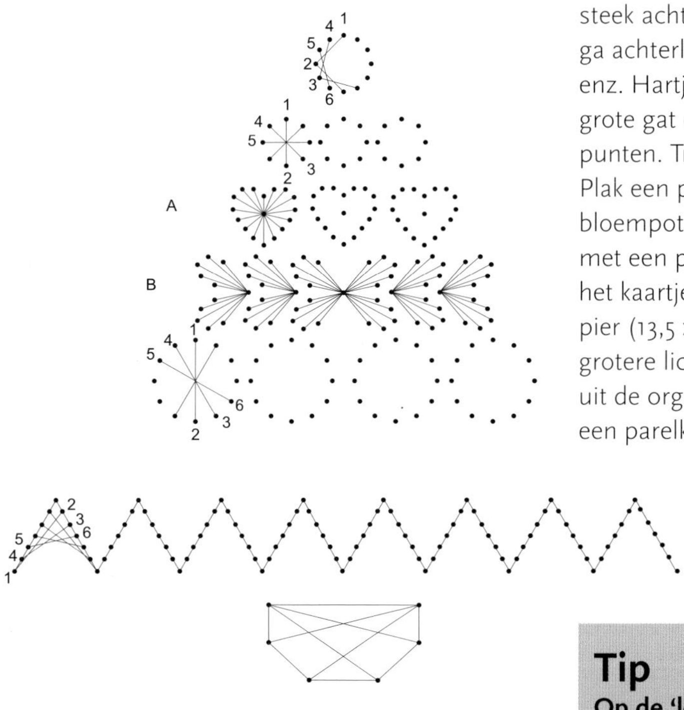

G1

Tip

Op de 'lege' plaats in de kerstboom, waar nu de vier zilveren ornamenten zijn geplaatst, is er ook de mogelijkheid om allerlei andere toepassingen te laten zien. Denk aan kraaltjes, plaksteentjes, stickers (met eventueel een tekst); leef u uit!

G2

Snijd een stuk grijs kaartenpapier van 9,5 x 17 cm uit. Prik en borduur zoals aangegeven: steek achter in bij A en trek de draden zoals aangegeven, herhaal dit vanuit B, C, D, enz. Steek nu achter in bij 1 en trek de draden zoals aangegeven, herhaal dit bij 2, 3, enz. Let goed op bij dit patroon, de draden hebben een bijzondere loop! Naai het cirkelvormige ornament in de ster en plak er een plakparel op. Snijd een stuk Hobbypapier van 9,5 x 5 cm uit en plak dit met kaartenlijm links op de kaart. Camoufleer de naden met een zeer dun lintje, plak dit achter vast met plakband. Plak er schuin een paar plakbloemetjes overheen. Naai een zilveren hangornamentje op het Hobbypapier door middel van een smal lintje en plak een plakparel.

Tip
U kunt deze prachtige kerstster ook laten hangen aan een mooi lint; maak er een grote strik in!

G3

Snijd een stuk wit kaartenpapier van 10 x 18 cm. Prik en borduur volgens de aanwijzingen: steek achter in bij 1 en trek de draad naar 2, ga achterlangs naar 3 en trek de draad naar 4, enz. Gebruik zwart en zilver garen. Vouw drie lintjes om de kaart in de ruimte tussen de halve ballen en zet ze achter vast met plakband. Snijd een stuk wit gedecoreerd Hobbypapier van 5 x 10 cm en plak dit aan de andere zijde op de kaart met kaartenlijm. Camoufleer de naden met een lintje; zet ze vast achter op de kaart met plakband. Accentueer een krul in het papier door een rijtje plakparels te plakken langs de krul.

Tip
Met patroon G3 (blz. 33) kunt u spelen: borduur alleen de helft en werk af met breed lint en plakparels, of: zet de twee helften wat dichter bij elkaar of helemaal tegen elkaar aan, dat geeft weer een heel ander effect!

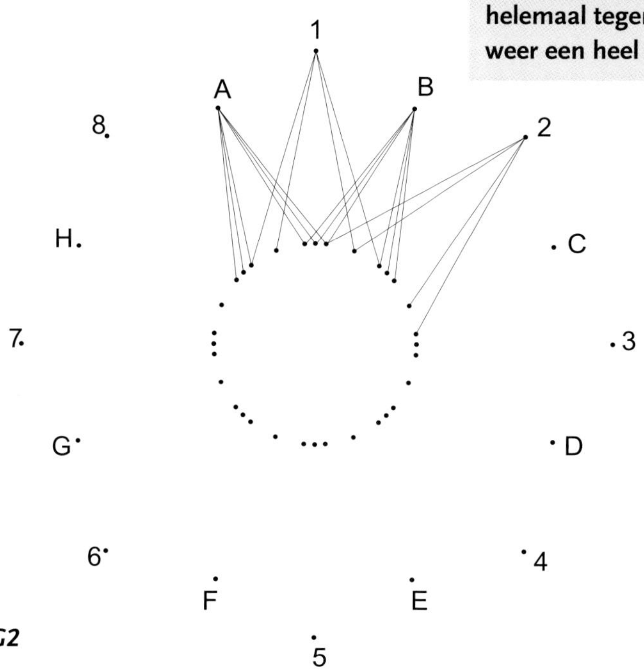

G2

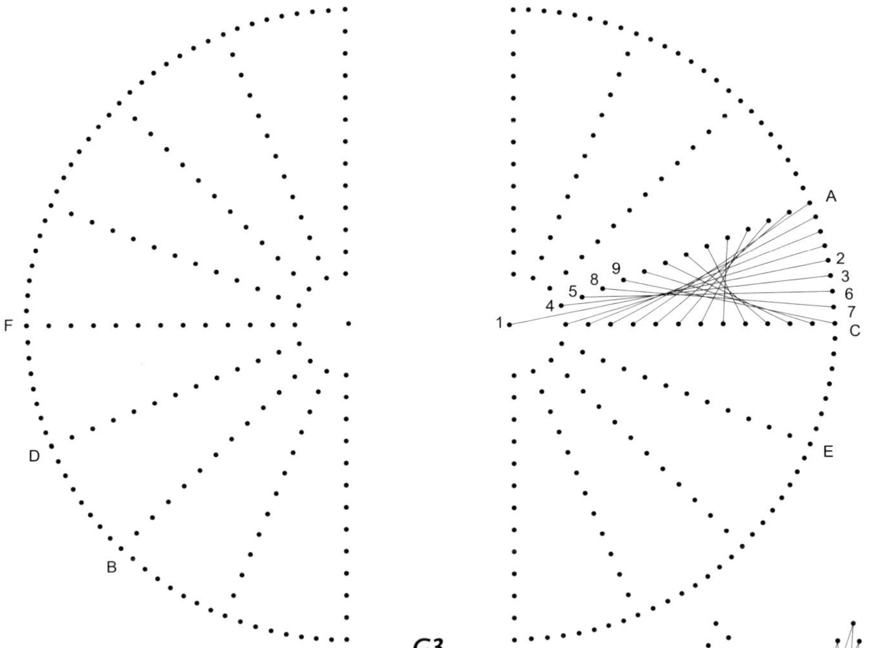

G3

G4

Snijd een stuk scrapbookpapier van 11 x 11 cm. Prik en borduur volgens de aanwijzingen: steek achter in bij 1 en trek de draad naar 2, ga achterlangs naar 3 en trek de draad naar 4, enz. U kunt ervoor kiezen om van A naar B nog een draad over de gaatjesrijen te trekken, maar dat hoeft niet. Plak een zeer grote plaksteen in het centrum. Plak de kaart op een stuk Hobbypapier van 14 x 14 cm en dit weer op een iets grotere zwarte ondergrond. Vouw twee lintjes om de kaart heen.

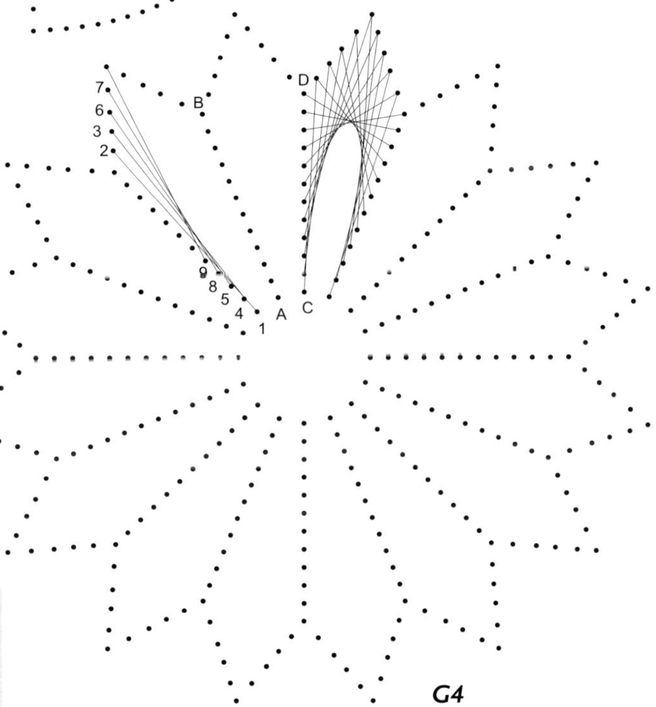

G4

Tip

Borduur alleen de helft van de cirkel en werk af met bijvoorbeeld een zeer breed lint, dat u versiert met plakparels. Of borduur deze mooie kerstbal eens in goud op zwart, donkerblauw of donkerrood!

Warme kerst

Benodigdheden
- Kaartenpapier rood, brons
- Scrapbookpapier
- Papicolor Hobbypapier: 738
- Papiquilt papier: 113
- Organza: Hobby Fun
- Ornamenten: Sun Enterprises
- Fibers
- Plaksteentjes en -parels
- Garen: goud, metallic rood

H1

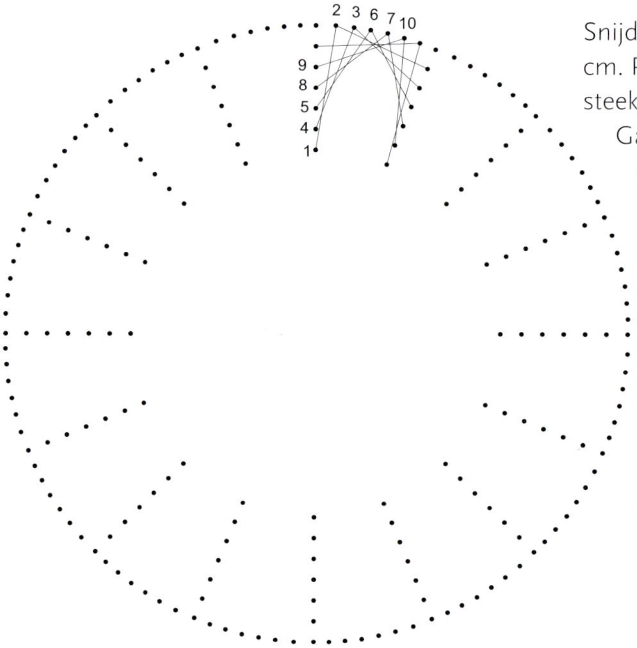

H1

Snijd een stuk scrapbookpapier van 10 x 11,5 cm. Prik en borduur volgens de aanwijzingen; steek achter in bij 1 en trek de draad naar 2. Ga achterlangs naar 3 en trek de draad naar 4, enz. Trek een draad over de gaatjesrijen. Borduur in steelsteek met goud een rand langs de bal. Naai het hartjesornament in de bal en laat het hartje mooi afhangen. Maak een strik van fiber en naai hem boven de bal. Plak het kaartje op een stuk Papiquilt-papier van 11 x 12 cm en dit weer op het Hobbypapier, dat een brede rand mag laten zien (ruim 1 cm).

Tip

Borduur de bal op een verticale, langwerpige kaart en laat hem afhangen langs een mooi lint; laat het hartje achterwege en vul de bal op met mooie plaksteentjes in de uiteinden van de boogjes; zo krijgt u weer een totaal ander effect!

Tip

Deze kerstkrans is natuurlijk ook prachtig om te maken in de kerstkleuren groen en rood op een crème kaart; versier met een paar kleine plaksteentjes hier en daar en maak er een klassiek geruite kerststrik boven!

Tip

De drie koningen (blz. 37) staan hier netjes naast elkaar; u kunt ze ook schuin over elkaar plaatsen, of in een waaiervorm schikken en natuurlijk kunnen ze ook gewoon naast elkaar op een grote kaart.

H2

Snijd een stuk scrapbookpapier van 11 x 16 cm. Prik en borduur volgens de aanwijzingen. Blaadjes: steek achter in het grote gat en trek draden naar de punten zoals aangegeven. Besjes: neem een dubbele rode draad. Steek achter in bij 1 en trek de draad naar 2, ga achterlangs naar 3 en trek de draad naar 4, enz. Plak links van de krans een stukje Hobbypapier van 3 x 11 cm (met kaartenlijm) en vouw hiernaast over de overige ruimte een stuk organza, plak dit met plakband achter vast. Camoufleer de naad met een fiber die u achter vastplakt en plak met 3D-foam het gouden ornament vast. Plak dit geheel weer op een groter stuk Papiquilt, knip een bloem uit de organza en plak die op de kaart; versier met een plakparel.

H3

Snijd drie kaartjes van 9 x 4,5 cm. Prik en borduur volgens de aanwijzingen: trek alle rechte draden. Borduur de gezichtjes in steelsteek en sla hierbij slechts één gaatje over; borduur de kronen in stiksteek (kleine steekjes van het ene naar het volgende gat) met Reflecta goud. Oogjes: parelkraaltjes zijn te groot hiervoor, zet met een fijne zwarte viltstift een puntje. Plak de plaksteentjes en de kaartjes op iets grotere kaartjes: 9,4 x 4,8 cm. Plak deze weer op mooi scrapbookpapier en dit weer op een gouden ondergrond. De drie koningen zijn willekeurig geplaatst, u kunt ze ook een andere volgorde geven. Ster: Snijd een rood kaartje van 4 x 3 cm en borduur de ster; trek alle draden zoals aangegeven en plak een plakbloemetje in het midden. Plak het kaartje op een mooi Hobbypapiertje

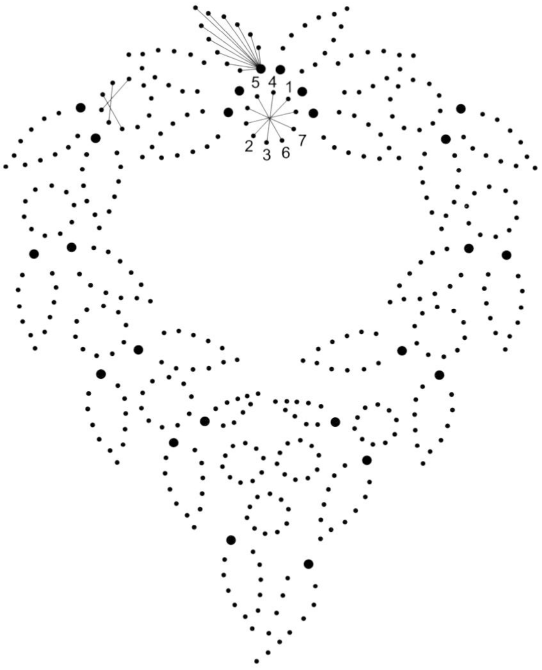

H2

H4

Borduur de twee delen van de bal als volgt: steek achter in bij 1 en trek de draad naar 2, ga achterlangs naar 3 en trek de draad naar 4, enzovoort. Trek nu draden over de gaatjesrijen van A naar B, en zo verder. Borduur in twee verschillende kleuren metallic garen. Knip een strook Hobbypapier dat qua breedte net tussen de beide helften past en plak het op de kaart; naai er in het centrum een gouden ornament op. Plak er een plakparel op. Knip een paar mooie bloemen uit de organza en plak ze met 3D-foam rechts in de hoek; plak een plakparel in het centrum. Werk de kaart af zoals aangegeven op de foto.

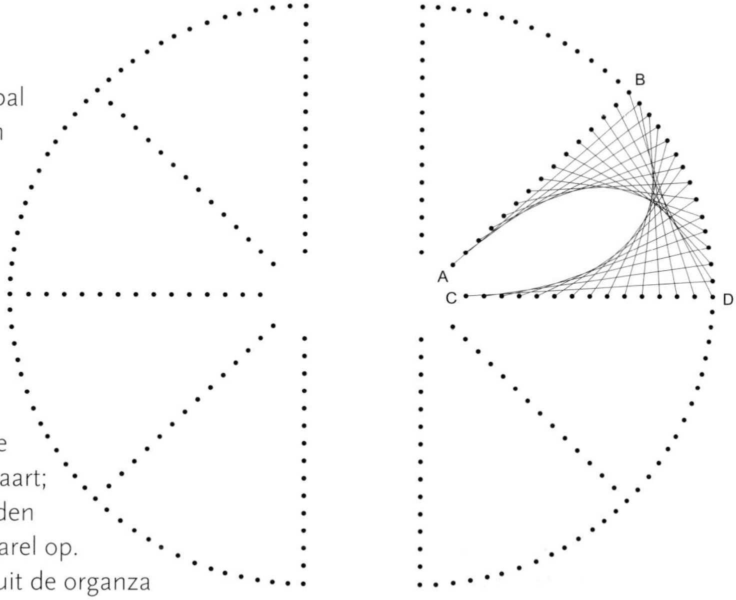

H4

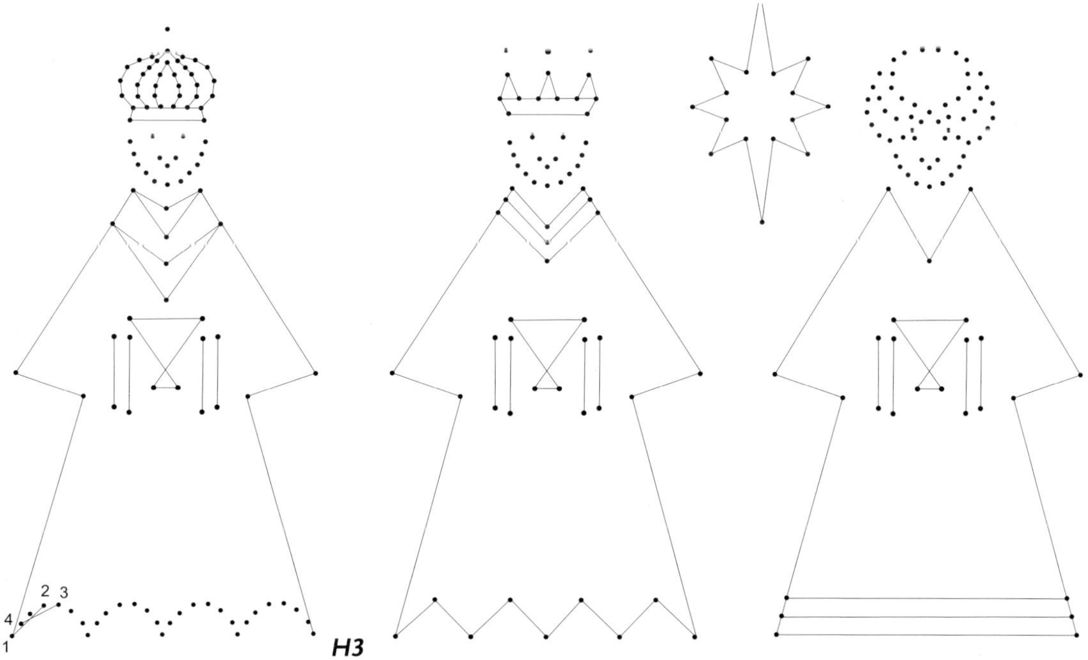

H3

Kerst classic

Benodigdheden

- Kaartenpapier crème, rood, donkergroen en lichtgroen
- Papifleurpapier Papicolor crème: 109
- Scrapbookpapier
- Lint
- Papiquiltpapier Papicolor crème: 112
- Ornament hartje: Sun Enterprises
- Plakstenen rood, groen en goud
- Garen: rood, groen, blauw metallic, rood en Reflecta goud
- Parel- en staafkraaltjes
- Papieren bloemen

I1

Snijd een stuk Papiquilt van 10 x 16 cm en plak dit op een neutrale onderkaart van hetzelfde formaat; zo kunt u goed borduren. Prik en borduur zoals aangegeven. Vlammen: steek achter in het grote gat en trek draden naar de punten zoals aangegeven. Kaarsen: trek de draden in goud Reflecta en rood. Plak de kaart op een stuk lichtgroen kaartenpapier, vouw er een mooi lint aan de onderkant omheen en zet dit achter vast met plakband. Plak op de onderkant van de kaarsen ongeveer negen papieren kerststerren (een beetje speels) met 3D-foam. Plak plakparels in de hartjes. Plak dit geheel op een donkerrode kaart.

Tip

Maak een leuk label van een detail: borduur drie kaarsen op een klein kaartje, een paar papieren bloemen eronder en klaar is uw label!

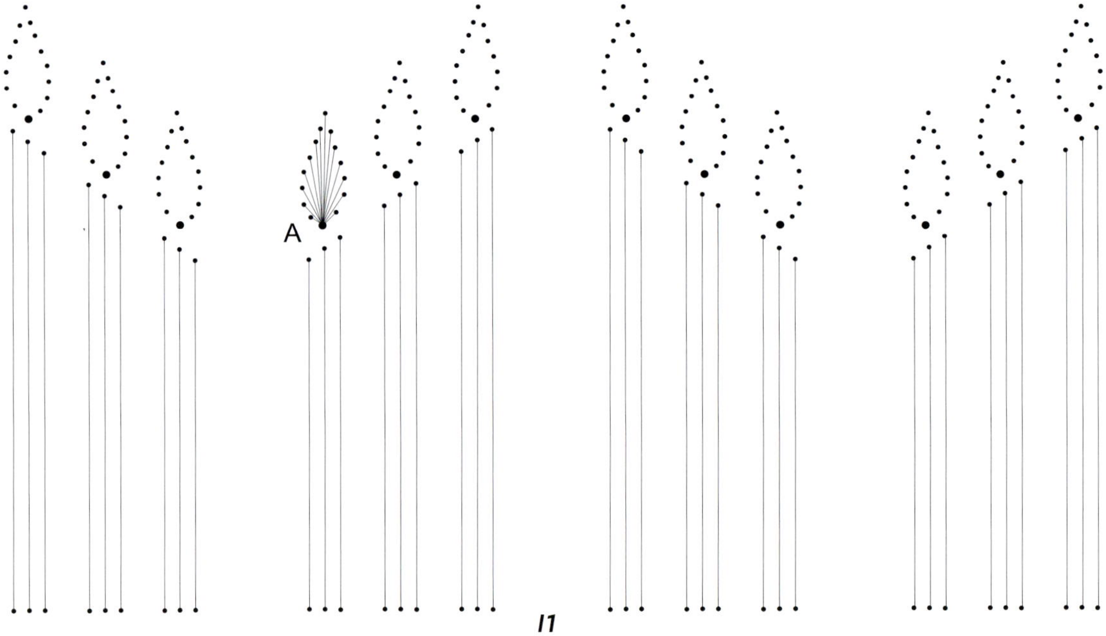

I1

12

Snijd een stukje Papifleur van 7 x11 cm en plak dit op een neutrale kaart van hetzelfde formaat; zo is het goed te borduren. Prik en borduur volgens de aanwijzingen: borduur de sneeuwpop in steelsteek, plak de grote plakparels op de buik en de sterretjes voor de ogen. Maak twee zeer grote gaten bij de hals en haal er een lint doorheen; maak een strik en zet die vast. Plak het kaartje op een iets grotere groene ondergrond en plak dit weer op een groot stuk Papiquiltpapier. Werk af met een paar plakparels.

Tip

U kunt de sneeuwpop ook borduren op een grotere kaart, samen met de sterrenrand links en/of rechts daarvan; met bijvoorbeeld goud op donkerblauw wordt het weer heel anders en ook mooi!

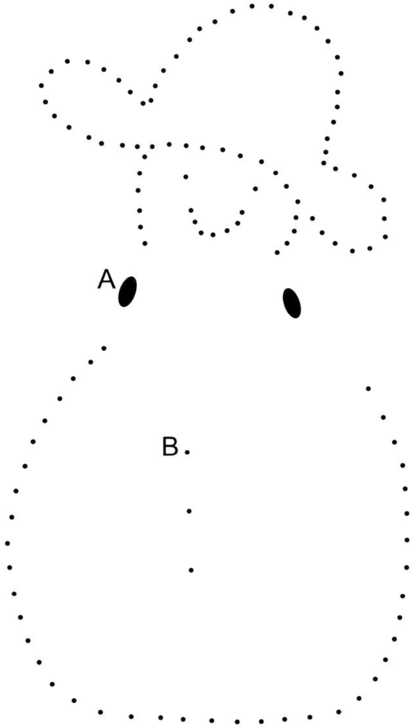

12

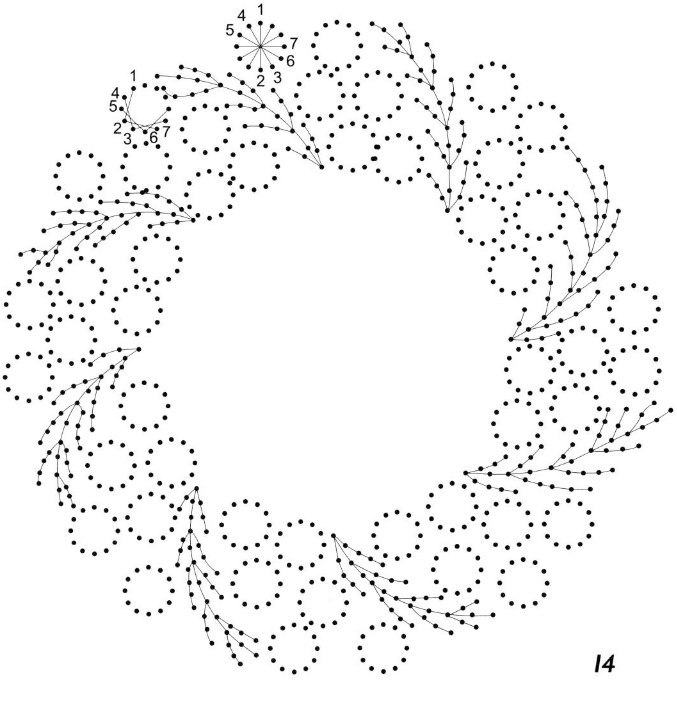

14

Tip

Laat de krans afhangen van een breed (eventueel geruit) lint, en maak een zeer grote strik!

13

Snijd een crème kaart van 12 x 12 cm. Prik en borduur volgens de aanwijzingen: neem een enkele draad en borduur in steelsteek; sla hierbij slechts één gaatje over. Gebruik verschillende kleuren garen. Figuur rechtsboven: trek de draden zoals aangegeven, begin in het centrum en werk naar buiten; houd het patroon dicht bij de hand om te kijken of het goed gaat! Plak lukraak een aantal plakparels en werk de kaart af met als ondergrond scrapbookpapier en rood kaartenpapier.

Tip

Voor een kerstmenu: kies een stuk vuurwerk uit en borduur dat op een klein kaartje. Plak dit in uw menu!

14

Snijd een stuk Papifleur van 10 x 10 cm en plak dit op een neutrale kaart van dezelfde afmetingen; dit borduurt gemakkelijk. Prik en borduur volgens de aanwijzingen (zie blz. 40). Takjes: in steelsteek; sla hierbij slechts één gaatje over. Besjes: steek achter in bij 1 en trek de draad naar 2, ga achterlangs naar 3 en trek de draad naar 4, enz. Let op: bij de vervaardiging van dit patroon ziet u op de foto dat er een aantal besjes in het patroon is weggelaten; hiervoor in de plaats zijn rode plakbloemetjes geplakt, dat geeft ook een mooi effect! Borduur in groen, rood en goud, dat maakt vrolijk! Plak het kaartje op een groot stuk Papiquiltpapier; vouw er een lint omheen, dat u achter vastplakt. Werk af met een kettinkje van parelkraaltjes en staafkraaltjes en laat het hartje afhangen van een kettinkje. Plak er een paar kerststerren overheen en zet vast met een grote parelkraal. Plak dit geheel op een grotere donkerrode kaart.

B

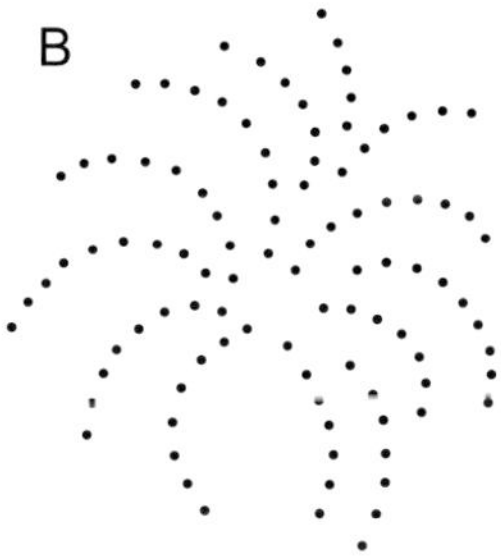

A

E

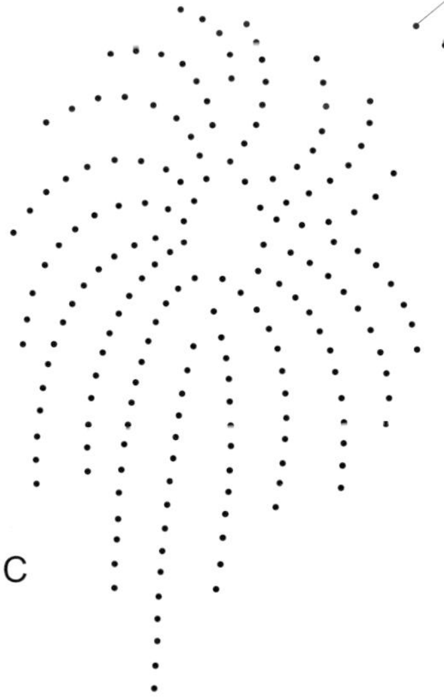

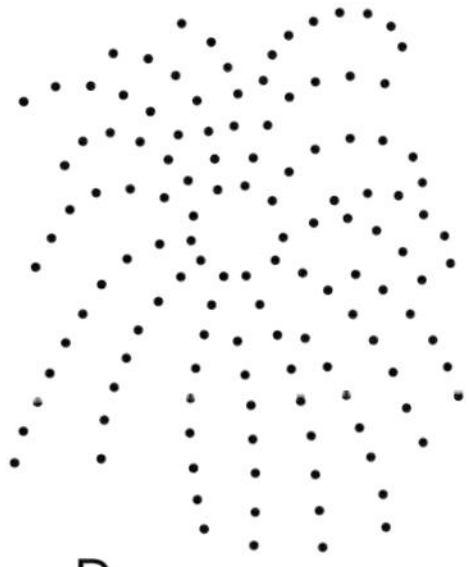

D

13

C

Uitbundige kerst

Benodigdheden

- Kaartenpapier in verschillende tinten lila en paars
- Hobbypapier Papicolor: Flora 119
- Organza: Hobby Fun
- Plakstenen
- Parelkraaltjes
- Lint
- Ornament hartje: Sun Enterprises
- Garen: goud Reflecta, roodpaars en blauwpaars
- Kraaltjeslint

J1

Snijd een roodpaarse kaart van 11 x 16,5 cm. Prik en borduur volgens de aanwijzingen; steek achter in het centrale gat (prik het goed groot) en trek de draden zoals aangegeven. Omlijst de geborduurde takken nogmaals met een gouden draad Reflecta; dit geeft een mooi accent. Trek de draden van de 'bloempot'. Plak een sterretje en werk af met een plakparel. Vouw rechts een stuk organza om de kaart heen; plak dit achter vast met plakband. Werk de naad af met een kraaltjeslint, dat u af en toe vastzet met een draadje.
Plak de kaart op een iets grotere kaart in een contrasterende kleur.

Tip

Voor een andere boom: zet de beide helften heel dicht tegen elkaar aan, met een tussenafstand van een halve centimeter; zet er een lintje tussen als stam. Plaats een grote ster in de top, of borduur de ster van patroon H3, (de Driekoningen).

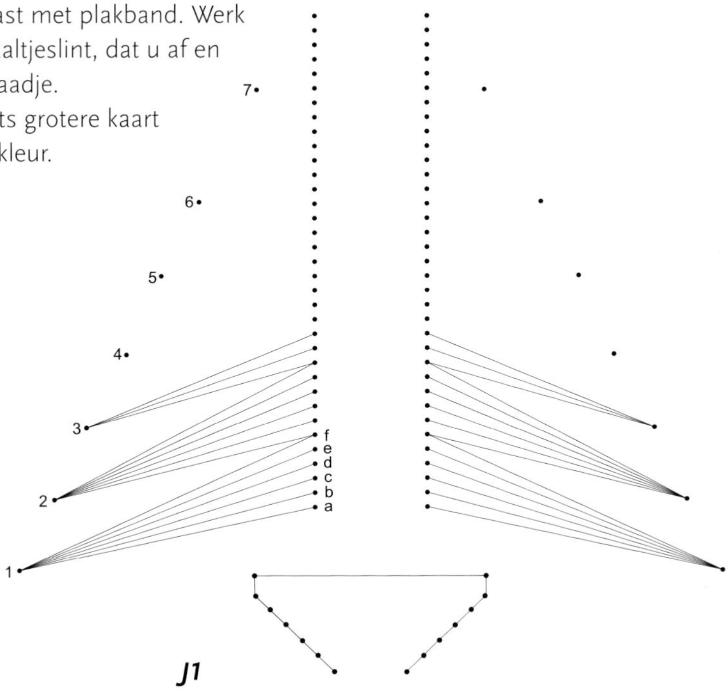

J1

J2

Snijd een stuk kaartenpapier van 12,5 x 12,5 cm. Prik en borduur volgens de aanwijzingen; trek alle draden zoals aangegeven. Wissel de kleuren garen met elkaar af; goud in het centrum en paars aan de buitenkant, of andersom. Speel er een beetje mee. Naai hier en daar een parelkraaltje tussen de sterren en plak een flinke plakparel in de juiste tint. Plak de kaart op een wat grotere donkerpaarse ondergrond.

Tip

Een van de kleinere sterren leent zich uitstekend voor een label; pik er een uit en borduur hem op een klein kaartje, maak er met de ponstang een gaatje in en hang er een mooi lintje door!

Of: neem de grote ster en borduur hem op een kaartje van 7 x 7 cm. Plak dit op een grote vierkante kaart, die u verder versiert met scrapbookpapier, plakparels, lint, papieren bloemen, enzovoort.

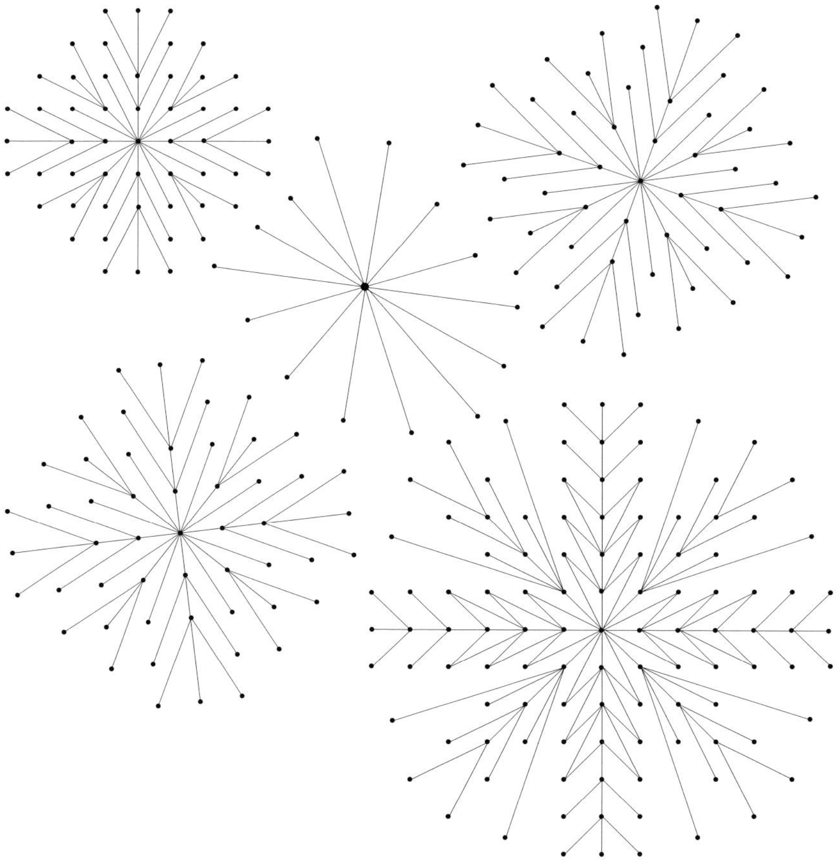

J2

J3

Snijd een stuk paars kaartenpapier van 13 x 13 cm. Prik en borduur volgens de aanwijzingen; trek alle draden van de sterren. Leg de kaart op het Flora-papier en teken met potlood de twee hoeken af waar de strook Hobbypapier overheen komt te liggen. Verbind de afgetekende hoeken met een rechte potloodlijn naar elkaar toe door middel van een liniaal; u heeft zo de strook papier afgetekend; knip/snijd deze uit en plak hem met kaartenlijm in het tussenliggende gedeelte op de kaart. Naai het hartje op de kaart en laat het afhangen. Plak de kaart op een mooie tint lichter paars.

Tip

Borduur de helft van het patroon op een driehoekige kaart; plak deze op een contrasterende kleur kaart en werk af met een 3D-afbeelding of met papieren bloemen. Of: maak een heel klein labeltje met één sterretje.

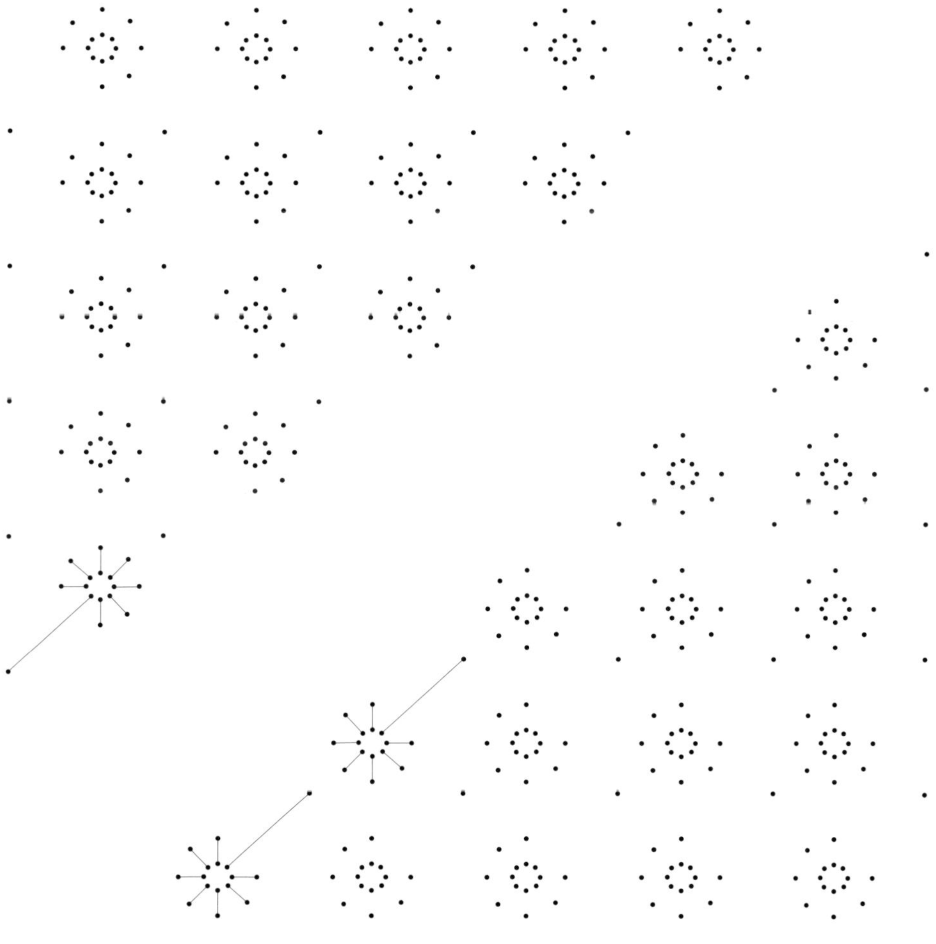

J3

J4

Deze grote ster is natuurlijk ook prachtig wanneer u hem in zijn geheel borduurt, zoals te zien in dit patroon; ik vond het leuk om te laten zien hoe het anders kan (zie foto). Snijd een stuk Papifleur van 13,5 x 13,5 cm en plak dit op een neutrale kaart van dezelfde afmetingen; zo borduurt het gemakkelijk. Prik de centrale gaten goed groot zodat alle draden er mooi doorheen kunnen lopen. Wanneer u de gehele ster borduurt: steek achter in bij 1 en trek de draden naar A, B, C, D, enz. Steek achter in bij 2 en trek de draden naar A, B, C, D, enz. Herhaal dit tot u de cirkel rond bent. Steek nu achter in bij 1 en trek draden naar 1, 2, 3 enz., over de vorige draden heen. Steek achter in bij 2 en trek draden naar 1, 2, 3, enz. Herhaal dit tot u de cirkel rond bent. Neem nu Reflecta goud en trek draden vanuit de centrale gaten 1, 2, 3 enz. over de gaatjesrijen heen naar de punten van de hoeken; dit geeft een prachtig effect. Trek eerst de draden naar de rechterkant, daarna, hieroverheen, draden naar de linkerkant. Wanneer u een deel van de ster borduurt: de werkwijze is precies hetzelfde, u laat alleen een deel weg, zoals op de foto te zien is. Vouw een transparant lint om de kaart en plak het vast aan de achterkant. Plak een grote plaksteencombinatie in het centrum. Plak de kaart op een paarse ondergrond van een iets groter formaat.

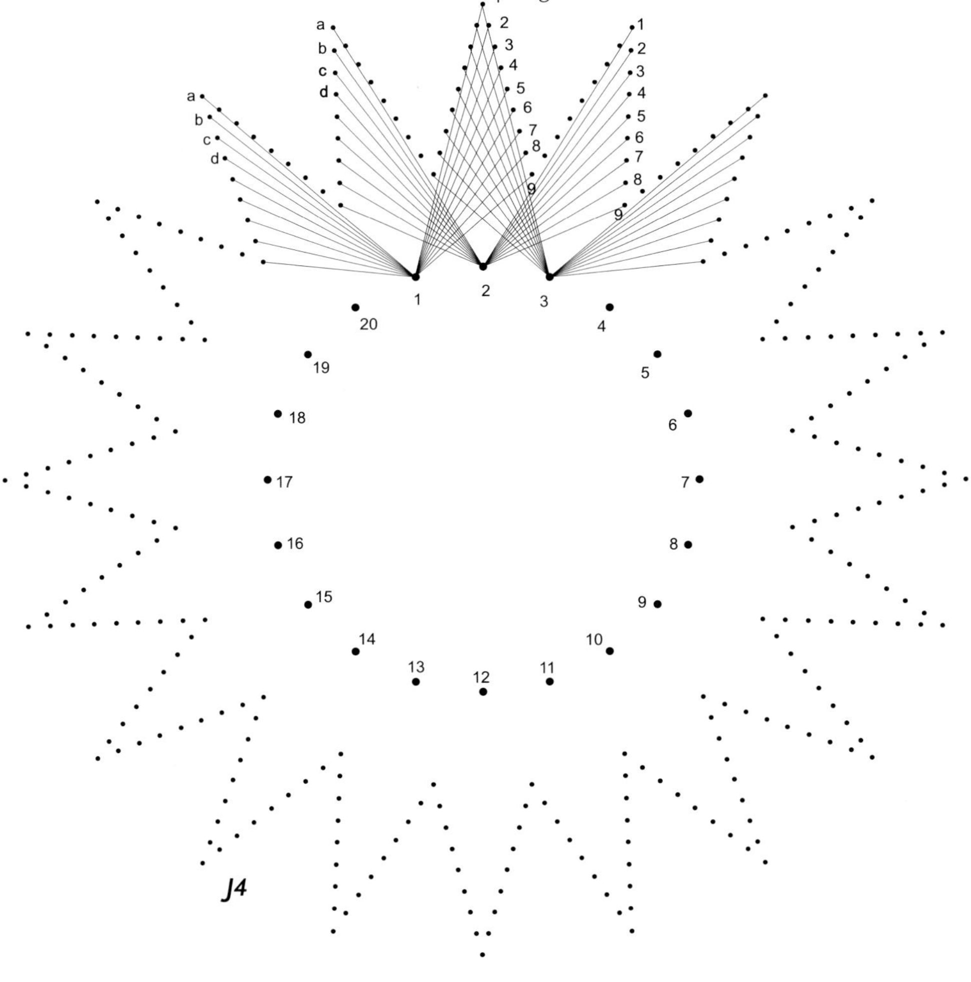

Jubileumtoegift!

1e prijs:
boeken- en materialenpakket Xtra Large én vermelding in de *Marianne*

2e prijs:
boeken- en materialenpakket Large

3e prijs:
boeken- en materialenpakket Medium

Ter ere van het verschijnen van mijn 35ste boek en mijn 20-jarig jubileum, bied ik u dit extra patroon aan. Met dit patroon kunt u ook meedoen met de **Jubileumwedstrijd!**

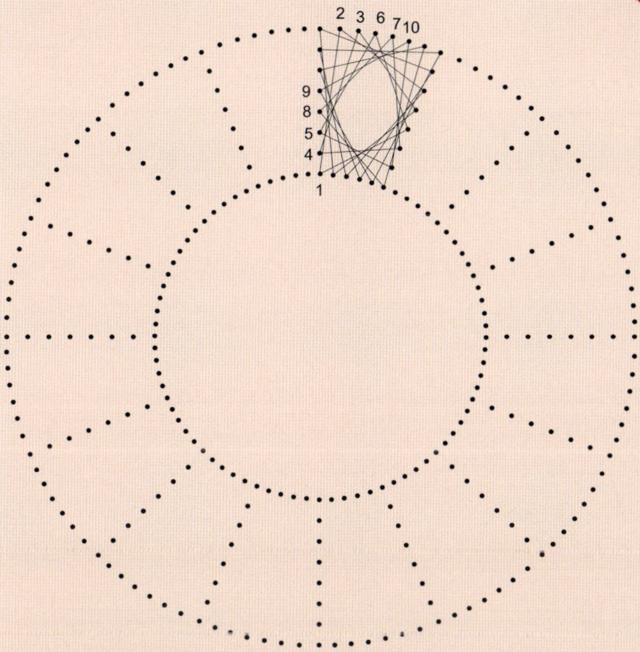

Werkwijze
Steek achter in bij 1 en trek de draad naar 2. Ga achterlangs naar 3 en trek de draad naar 4 enz., tot er in elk gat twee draden uitkomen. Borduur alle vierhoekjes op deze manier. Desgewenst kunt u nog een rand in steelsteek om de 'bal' heen borduren. Suggesties: kerstkaart, beterschapskaart, moederdagkaart, verjaardagskaart: leef u uit! Ik ben heel erg benieuwd naar de eindresultaten.
Veel plezier toegewenst!

Erica Fortgens

Jubileumwedstrijd

Verras ons met uw eigen creativiteit en maak met behulp van het patroon op deze bladzijde een unieke, zelfgemaakte kaart.

De inzenders van de drie mooiste kaarten winnen een fantastisch jubileumprijzenpakket samengesteld door De Fontein | Tirion. De mooiste kaart krijgt ook nog eens een plekje in *Marianne no. 9*!

Stuur de kaart voor 31 dec. 2010, samen met een lijstje waarop de werkbeschrijving en de gebruikte materialen vermeld staan, naar: De Fontein | Tirion, o.v.v. Jubileumwedstrijd Erica Fortgens, Postbus 1, 3740 AA Baarn en wie weet wint u een prachtig prijzenpakket. Vergeet niet uw naam, adres, telefoonnummer en eventueel e-mailadres op de kaart te vermelden!

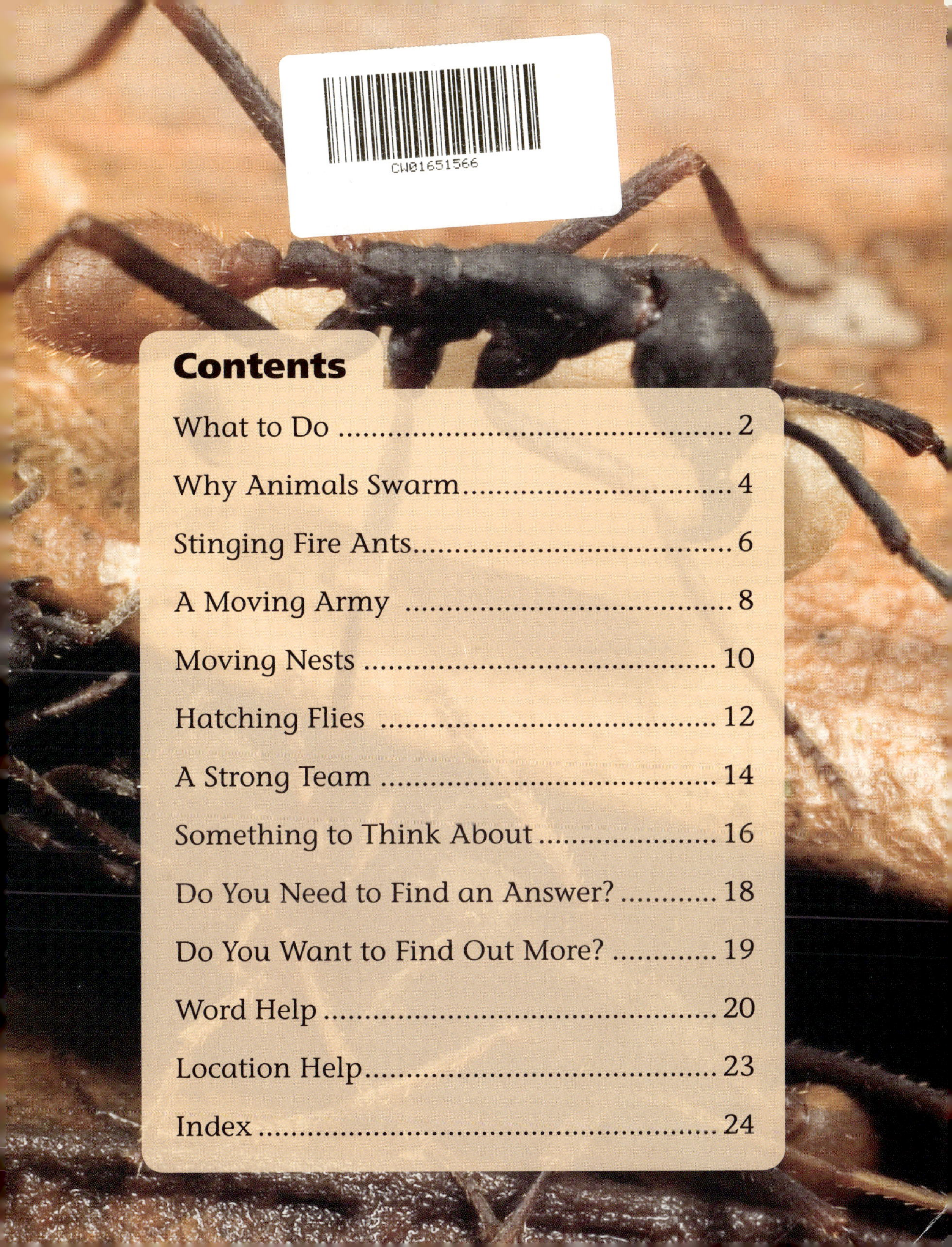

Contents

What to Do 2
Why Animals Swarm 4
Stinging Fire Ants 6
A Moving Army 8
Moving Nests 10
Hatching Flies 12
A Strong Team 14
Something to Think About 16
Do You Need to Find an Answer? 18
Do You Want to Find Out More? 19
Word Help 20
Location Help 23
Index 24

What to Do

Choose a face

Remember the colour you have chosen.

When you see your face on the page, you are the LEADER.

The LEADER reads the text in the speech bubbles.

There are extra words and questions to help you on the teacher's whiteboard. The LEADER reads these aloud.

When you see this stop sign, the LEADER reads it aloud.

You might need:

- to look at the WORD HELP on pages 20–22;
- to look at the LOCATION HELP on page 23;
- an atlas.

If you are the **LEADER**, follow these steps:

1 PREDICT

Think about what is on the page.

- Say to your group:

"I am looking at this page and I think it is going to be about…"

- Tell your group:

"Read the page to yourselves."

2 CLARIFY

Talk about words and their meaning.

- Say to your group:

"Are there any words you don't know?"

"Is there anything else on the page you didn't understand?"

- Talk about the words and their meanings with your group.
- Read the whiteboard.

- Ask your group to find the LET'S CHECK word in the WORD HELP on pages 20–22. Ask them to read the meaning of the word aloud.

3 ASK QUESTIONS

Talk about how to find out more.

- Say to your group:

"Who has a question about what we have read?"

- Question starters are: how..., why..., when..., where..., what..., who...
- Read the question on the whiteboard and talk about it with your group.

4 SUMMARISE

Think about who and what the story was mainly about.

When you get to pages 16–17, you can talk to a partner or write and draw on your own.

 or 

Why Animals Swarm

I am looking at this page and I think it is going to be about... because...

Billions of insects are moving together over the sky like a black cloud. It is a **swarm** of locusts.

Many insects move in huge swarms. They form swarms for different reasons. Some move together to look for food or to find new homes. Sometimes insects swarm for protection.

These enormous swarms can destroy food crops and harm other living things.

Are there any words you don't know?

Let's check: swarm

Who has a question about what we have read?

Why do you think a swarm of insects can be harmful?

A swarm of locusts covers the sky for hundreds of kilometres.

Stinging Fire Ants

I am looking at this page and I think it is going to be about... because...

When something **disturbs** a red fire ants' nest, the ants will come out. Not just one or two, but thousands of them.

The fire ants swarm all over their **victim**. Their stings burn like fire. Each ant in the swarm can sting over and over again. The fire ants hold onto their victim with their mouth parts. Then they **inject** their **prey** with poison.

Most small animals cannot **survive** the stings from a swarm of fire ants.

Are there any words you don't know?

Let's check: victim

Who has a question about what we have read?

What do you think the mouth parts of a fire ant would be like?

a fire ant sting

Fire ants swarm out to protect their nest.

This page was mainly about

fact

fact

STOP

My predictions were right/wrong because . . .

A Moving Army

When army ants are on the move, anything in their path is prey. Even snakes can't escape a swarm of these stinging ants.

Army ants move together to look for food. They can't see their prey, but they use smells and sounds to find their way. If they come to a river, they make a bridge with their bodies. They **cling** together with their legs. Then the rest of the ants can cross the bridge.

There is not much that can stop these **fierce** ants from chasing their prey.

I am looking at this page and I think it is going to be about… because...

Are there any words you don't know?

Let's check: fierce

Who has a question about what we have read?

Why do you think army ants move together to look for food?

Army ants cling together to make a bridge.

Moving Nests

Killer bees move in swarms to make new nests. They make nests in many different places. Some even live where people live. No one knows the bees are there until someone goes near their nest.

Killer bees are very **protective** of their nest. A sound, a **movement**, or even a smell can disturb them. Then, out will swarm thousands of angry bees. It is very hard to escape the swarm. These bees will chase their victims a long way.

I am looking at this page and I think it is going to be about... because...

Are there any words you don't know?

Let's check: protective

Who has a question about what we have read?

Why do you think killer bees are very protective of their nest?

A swarm of killer bees makes a home under a tree branch.

Hatching Flies

Mayflies are tiny insects that swarm. When the water in some lakes gets warmer, the mayfly **larvae** hatch. Soon the air is filled with trillions of flies that look like tiny white fairies.

I am looking at this page and I think it is going to be about... because...

Mayflies only live for a day and then they die. Thousands of dead mayflies are a big **nuisance**. They fall on the ground in slippery piles. They stick to everything and they smell like dead fish.

Are there any words you don't know?

Let's check: nuisance

Who has a question about what we have read?

Why are the swarms of mayflies different from the other swarming animals in this book?

This swarm of mayflies is flying away from a lake.

This page was mainly about

fact

fact

STOP

My predictions were right/wrong because . . .

A Strong Team

I am looking at this page and I think it is going to be about… because…

Insects are not the only types of animals that swarm – there are many others. These swarms are not usually **harmful** to people, but if people get close to huge swarms, they can be scary and dangerous.

Some scientists have studied animal swarms. They have found that many swarms follow simple rules. The animals work together to **solve** problems. When they work together, they are a very strong team.

Are there any words you don't know?

Let's check: solve

Who has a question about what we have read?

Why do you think working together helps swarms of animals?

swarms of birds
This page was mainly about
fact
fact
STOP
My predictions were right/wrong because . . .

Something to Think About

or
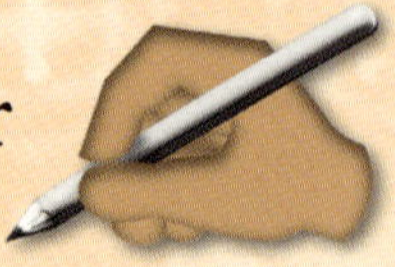

Swarm	What is the same?
Army Ants Fire Ants	
Killer Bees Mayflies	

Think about the different types of swarms that you have read about. How are they different? How are they the same? Talk about your ideas with a partner, or write them down.

What is different?

Do You Need to Find an Answer?

You could go to . . .

Do You Want to Find Out More?

You could look in books or on the internet using these key words to help you:

- army ants
- fire ants
- killer bees
- locusts
- mayflies
- swarms

Word Help

Dictionary

cling	to hold onto something tightly
disturbs	upsets a calm person or place
fierce	angry and cruel
harmful	causes damage or injury
inject	to force a liquid into something
larvae	the early stage of an insect before it becomes an adult
movement	when something or someone moves
nuisance	someone or something that causes trouble
prey	an animal that is hunted by another
protective	wanting to protect and watch over something or somebody

solve	to find an answer to a problem
survive	to stay alive
swarm	1. a large group of animals moving together 2. to move in a large group
victim	somebody or something that has been harmed by someone or something

Word Help

Thesaurus

angry	annoyed, mad
pile	heap, mound
problems	troubles
protection	defence, guard
rules	laws
slippery	greasy, slimy
sting	prick, bite
team	group, side

Location Help

Where They Swarm

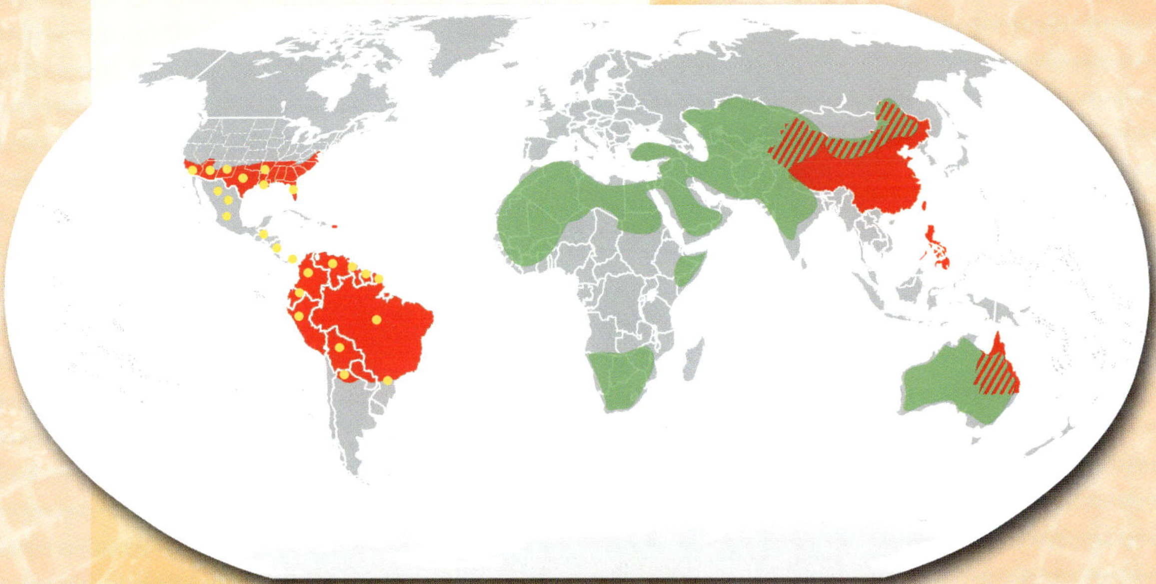

Locusts

Fire Ants

Killer Bees

Both Mayflies and Army Ants are found worldwide.

Index

army ants 8–9
birds 14–15
crops 4
fire ants 6–7
food 4, 8
homes 4, 11
killer bees 10–11
locusts 4–5
mayflies 12–13
nests 6–7, 10–11
prey 6–7
protection 4, 10
sting 6–7, 8
victim 6, 10